今日から
モノ知り
シリーズ

トコトンやさしい

船舶工学の本

池田良穂

船の構造はきわめて複雑で、地球上でもっとも巨大な「機械」といえます。自動車に比べても、船は優にその倍の5～6万点もの部品からなっています。船のメカニズムは、とても複雑でダイナミックです。

B&Tブックス
日刊工業新聞社

はじめに

船は、各種の交通機関の中でも、人間がもっとも古くから利用してきたもので、今でも世界の人々の生活を支える重要な存在になっています。資源のない日本は、原料を海外から輸入して、それを加工して輸出することでその経済が成り立っていますが、その貿易貨物の実に99・7％は船によって運ばれています。またたくさんの島からなっているため、その島との人の移動も、生活物資の輸送も船に依存しています。

地球表面の約70％が海で、世界中が海でつながっています。今、世界中がつながり、人々が共に生きる時代になっています。必要な物資を必要な場所に届けるためには船はなくてはならない輸送機関なのです。また、地球は、温暖化などの自然の大きな変化に直面しており、その原因の1つが、人間が排出する二酸化炭素だといわれています。各種の輸送機関の中でもっとも少ないエネルギーで物資を運べるのが船なのです。そのため、飛行機に比べると約1／100～1／1000、トラックに比べると約1／5～1／20の二酸化炭素の排出量で荷物を運ぶことができます。まさに、船が地球を救うことになるのです。

その船の歴史は、古くは水に浮く草や木材で作られた小船から始まりましたが、今では巨大なビルよりも大きな船が毎年たくさん建造され、時速30～40㎞のスピードで大海原を航海しています。東京駅より大きなビルが海を走るのですから、そのダイナミックさを想像してみてください。

しかも、海は時として荒々しい姿を見せます。10m以上の巨大な波が発生することもあります。そうした厳しい大自然の中で安全に航海できる船を、開発、設計、建造するための学問が船舶工学です。

本書は、その船舶工学をわかりやすくお伝えするために書きました。かつて船舶工学は経験工学ともいわれ、古くから伝承されてきた技能がベースでしたが、今ではしっかりと科学に裏打ちされた高度な科学技術に基づいています。船舶工学の学会である日本船舶海洋工学会では、12分冊にのぼる船舶工学の教科書を出していますが、並べると20㎝近い幅になります。そのエッセンスをこの一冊にまとめてみました。

本書を通じ、船に親しみを感じていただければ、著者としてこの上ない喜びです。

池田良穂

２０１７年１月

トコトンやさしい

船舶工学の本

目次

目次 CONTENTS

第1章 船の基本を学ぼう

第2章 船の力学―水編―

第3章 船の力学 ―材料・構造編―

第4章 船の種類

第5章 船の推進

第6章 船を動かすエンジン

第7章 船を造るプロセス ——建造から進水まで——

第1章

船の基本を学ぼう

1 太古の時代から利用されてきた船

船は水の浮力によって水面に浮かぶ構造物

船とは、水の浮力によって水面に浮かぶ構造物で、重たい荷物やたくさんの人を一度に運ぶことができる輸送機関です。また、輸送に必要なエネルギーが他の輸送機関に比べて非常に小さいのが特徴です。こうした特性から、島国の日本の貿易貨物の実に99・7%が船によって運ばれています。

船は、太古の時代から利用されてきており、エジプトをはじめとして世界各地の遺跡に船の絵が描かれています。最初は、水に浮かぶ草や木を使って船が造られました。葦《あし》で編んだ葦船、丸太をくり貫いて造った丸木舟から船の歴史は始まりました。やがて次第に大型の船を造り、それを操る技術を人類は習得しました。

荒れる海を安全に航海するためには頑丈な船が必要でした。人類は鉄器を作り出して、凶暴な動物にも立ち向かうことができるようになりましたが、その強靭な鉄は水に浮かびません。しかし、重い鉄でも薄く延ばして器にすれば、水に浮かぶことを科学的に証明したのは有名な科学者アルキメデスです。すなわち「浮力の原理」を発見したのです。その原理とは、「水の中では、沈んでいる物体体積と同じ体積の水の重さと同じだけの浮力が働く」ということです。重い鉄でも、伸ばして器にして体積を大きくすれば水に浮かぶのです。

浮力で浮かぶ器を移動させることは意外に簡単です。公園のボートを手で押してみると、ボートがゆっくりですが動きます。このことは小さな力でも船は移動させることができることを示しています。

最初は、人の力で船を動かしていましたが、やがて風の力を使う帆船が登場して、いよいよ人類は大洋に乗り出します。そして動力機関が発明されて、船は高速で移動することができるようになりました。こうして今では大型のさまざまな用途の船が世界の海で活躍するようになりました。

要点BOX

- ●重量物やたくさんの人を一度に運ぶことができる
- ●輸送に必要なエネルギーが非常に小さい
- ●浮力の原理を発見したアルキメデス

船の進化：草や木の船から鉄の船に

葦舟

丸木舟

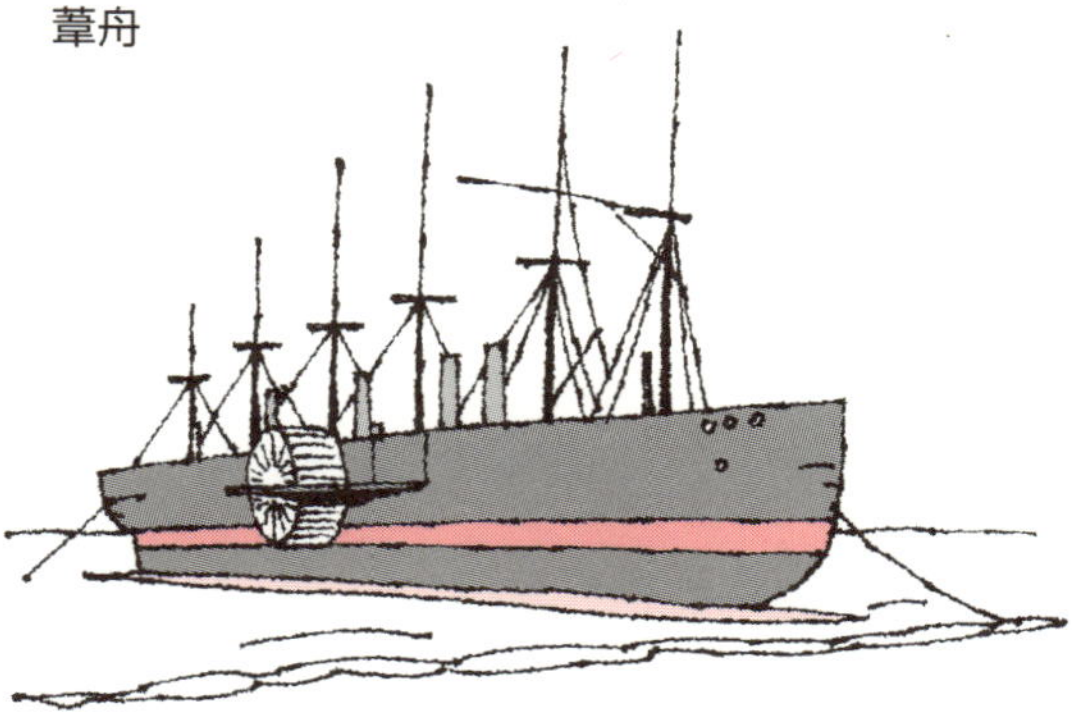

1853年に建造された巨大な鉄船「グレート・イースタン」

アルキメデスの原理

鉄の船がなぜ浮かぶ?

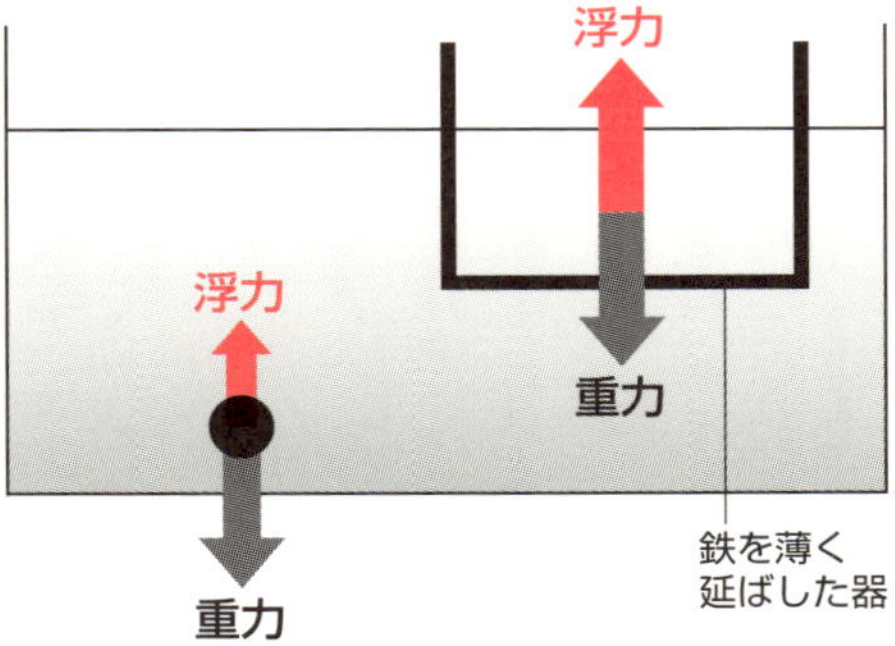

同じ重さの鉄でも、薄くのばして体積を大きくすると大きな浮力が働いて、水上に浮かぶ。

2 船の大きさを表すトン

「トン」にはいろんな意味がある

大きな客船は、３００メートル(m)より長く、10階建てのビルよりも高い巨大な動く建築物です。陸上のビルと比べると、東京駅とほぼ同じ長さで、高さは倍以上となりますから、いかに大型船舶が大きいかがわかると思います。

船の大きさは「トン」という単位で表されますが、これがなかなかやっかいな代物です。戦艦「大和」は６万４０００トン、中東から原油を運ぶ大型タンカーは30万トン、そして世界で一番大きな客船「オアシス・オブ・ザ・シーズ」は22万トンですが、この３つの「トン数」は、実は、まったく違った意味をもっています。

戦艦大和のトン数は基準排水量、タンカーのトン数は載貨重量、客船のトン数は総トン数と呼ばれるもので、いずれも「トン」の単位なのですが意味は違います。基準排水量は船の重さ、載貨重量は船が積める貨物の重さ、総トン数は船内容積を表しているのです。すべての船で、いずれのトン数も計算されているのですが、それぞれの用途に合わせて、船のもつ能力を表すのに最適なトン数が使われているのです。

タンカーでは何トンの原油が運べるかが大事なので載貨重量トンで、客船では船内スペースがどのくらいあるかが大事なので総トン数で表すことが多いのです。

船の重さは水から受ける浮力に等しく、その浮力はアルキメデスの原理から水面下の船体体積と同体積の水の重さに等しいことから、船の重さのことを「排水量」と呼んでいます。積荷を一杯に積んだ時の排水量を「満載排水量」といいます。満載排水量から載貨重量を引いた値を「軽荷重量」と呼び、これは船の船体そのものの重さを表しています。軍艦の場合には、基準的な装備を積んだ場合を標準的な重さとして、これを「基準排水量」といいます。

最近は、商船の場合には満載排水量が公表されることはほとんどありません。軽荷重量がわかり、造船所の技術力がわかってしまうためです。

要点BOX

- ●戦艦大和のトン数は基準排水量
- ●タンカーのトン数は載貨重量
- ●客船のトン数は総トン数

「トン」にもいろいろな意味がある

戦艦「大和」：64000トン ＝ 基準排水量(長さ263m)

タンカー「ブリティッシュ・プログレス」：30万トン ＝ 載貨重量(長さ334m)

クルーズ客船「オアシス・オブ・ザ・シーズ」：22万トン ＝ 総トン数(長さ361m)

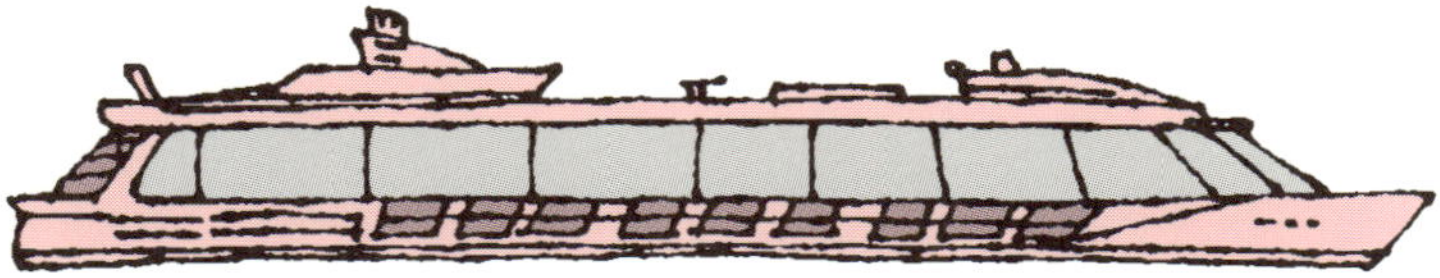

船の容積

●総トン数(容積)
かこまれた部分の容積

●純トン数(容積)
(総トン数から、機関室・船長室などをのぞく)
客船、貨物船

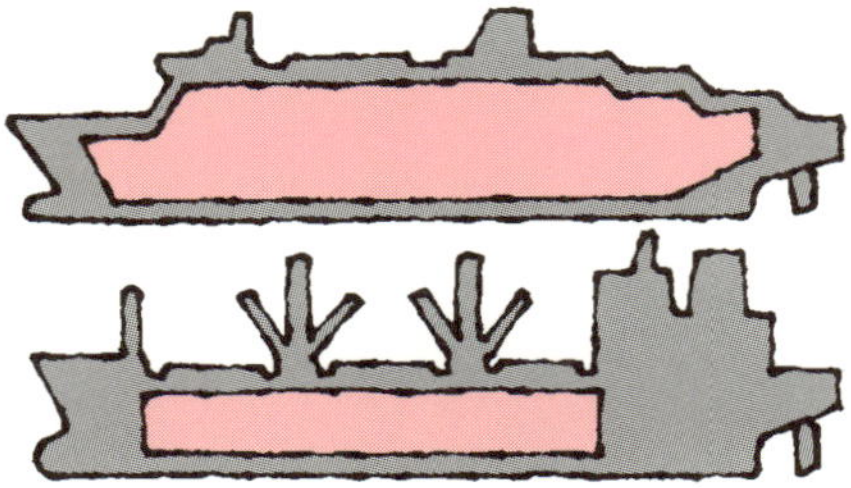

船の重さ

●排水量数(船の重さ)
(船が押しのけた水の重さ)
軍艦

●載貨重量
(荷物、燃料、清水、食糧などの積める物の重さ)
貨物船、タンカー

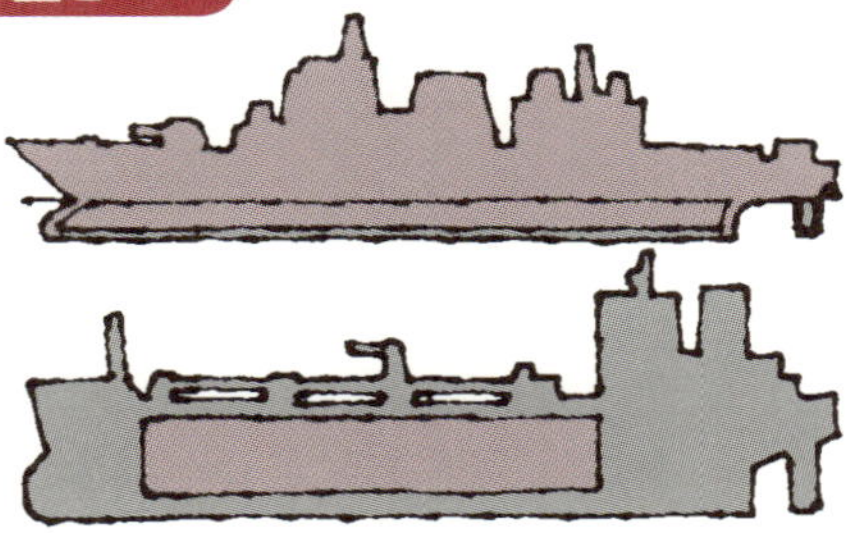

3 日本経済を支えている船の役割

シーレーンが重要な理由

船は日本の貿易貨物の99・7%を運んでいます。もし、船がなくなれば油も、ガスも、食糧も、衣類も、木材も海外から入ってこなくなるので、日本経済は壊滅状態になります。もし、外国からの輸入ができなくなると、鎖国時代の江戸時代の４０００万人くらいが自給自足でようやく生きていけるレベルなので、このくらいの人口にまで減らす必要がでてきます。

加工貿易で生きる日本にとっては、船は欠くことができない輸送機関なのです。日本政府が海上の道であるシーレーンの確保を最重要政策の1つにしているわけはここにあります。

国内輸送では、人は主に、鉄道、バス、乗用車、飛行機などを利用して移動しています。一方、貨物はトラックによる輸送が急速に伸びており、トンキロの単位で、50%がトラック輸送、5%が鉄道輸送、そして40%が船での輸送になっています。トンキロとは、輸送した貨物の重さと輸送距離の積を総合計したもので、輸送量の指標として使われています。

トラック輸送が増えたのは、スピーディでかつ便利だからです。スピードは船の2~3倍で、しかも荷物を戸口から戸口まで届けることができます。一方、船は港から港までの輸送なので、港で2回も積み替える必要があります。こうしてどんどんトラック輸送が増えていきました。

しかし、船の輸送はトラックに比べると、1/5~1/10のエネルギーでの輸送が可能です。すなわち、トラック輸送を船舶輸送にかえると、地球温暖化の一因とみられているCO_2の排出量を80%以上も削減することができます。このように環境保護のために、トラック輸送から船舶輸送にシフトさせることを「モーダルシフト」と呼び、世界各国の重要施策になっています。

トラック輸送の便利さと、エネルギー消費量の削減を両立させるために、トラックを乗せて運ぶカーフェリーやＲＯＲＯ貨物船がモーダルシフトの立役者です。

要点BOX
●船は日本の貿易貨物の99.7%を運搬
●船は環境にやさしい運搬手段
●地球環境を守るモーダルシフト

日本の輸出入貨物の99.7%を運ぶ外航船のいろいろ

雑貨・製品輸送をする
コンテナ船

原油を運ぶ
大型タンカー

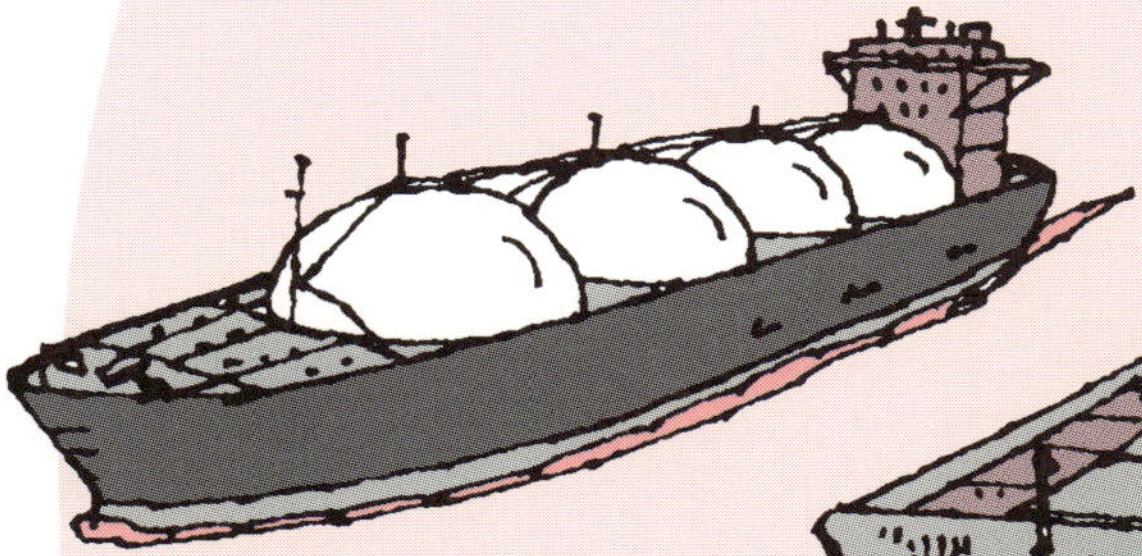

液化天然ガスを運ぶ
LNG船

鉄鉱石を運ぶ
ばら積み船

自動車を運ぶ
自動車運搬船(PCTC)

4 船のスピードを表す「ノット」

ノットの語源は英語の「結び目」

船のスピードは、ノットという単位で表します。ノットの語源は英語の「結び目」で、男性のネクタイの結び方にもこの単語がでてきます。昔、船のスピードを測るのに、ロープに一定間隔で結び目をつくり、それを船から海に投下して、一定時間にいくつの結び目が出ていくかで計測したことによるといわれています。

1ノットは、「1時間で1海里を移動するスピード」と定義されています。1海里は、地球の平均的な円周の角度1分あたりの距離として定義されており、1・852㎞に相当します。1ノットの速度で地球を一周するには360度×60、すなわち21600時間かかることとなり、24時間で割ると、900日かかることが計算できます。このように、地球規模で移動する交通機関には便利な単位なので、国際単位系の中でも船舶と航空機ではスピードを表す単位としてノットを使うことが認められています。

車で使うような時速何㎞に直すには、2倍してから10％だけ減らすと簡単にできます。たとえば、20ノットは2倍して40で、さらに0・9を掛けると時速は約36㎞となります。また、秒速はノットを半分にすると概略の数値となります。20ノットの風は秒速10ｍです。船の上で受ける風は、無風でも相対的に10ｍの風を受けることになります。映画タイタニックでは、船首に主人公の2人が立っていますが、同船の速力が23ノットなので、秒速12ｍの強風の中に立っているのと同じ状態になります。ちょっと危ないですね。

それぞれの船には最高速力と航海速力があります。最高速力は、建造された時の海上試運転でエンジンを最大出力にまで上げた時の瞬間的なスピードで、その船の一生でのスピード記録です。航海速力は、航海中の波や風などの外乱の中で経済的な運航をするための速力です。就航する航路での外乱を考えてエンジン出力の余裕を考慮して決められます。この余裕を「シーマージン」と呼び、15％程度とするのが一般的です。

要点BOX

- ●ノットの語源は英語の「結び目」
- ●1ノットは1時間で1海里を移動するスピード
- ●船には最高速力と航海速力がある

海里とノットとは?

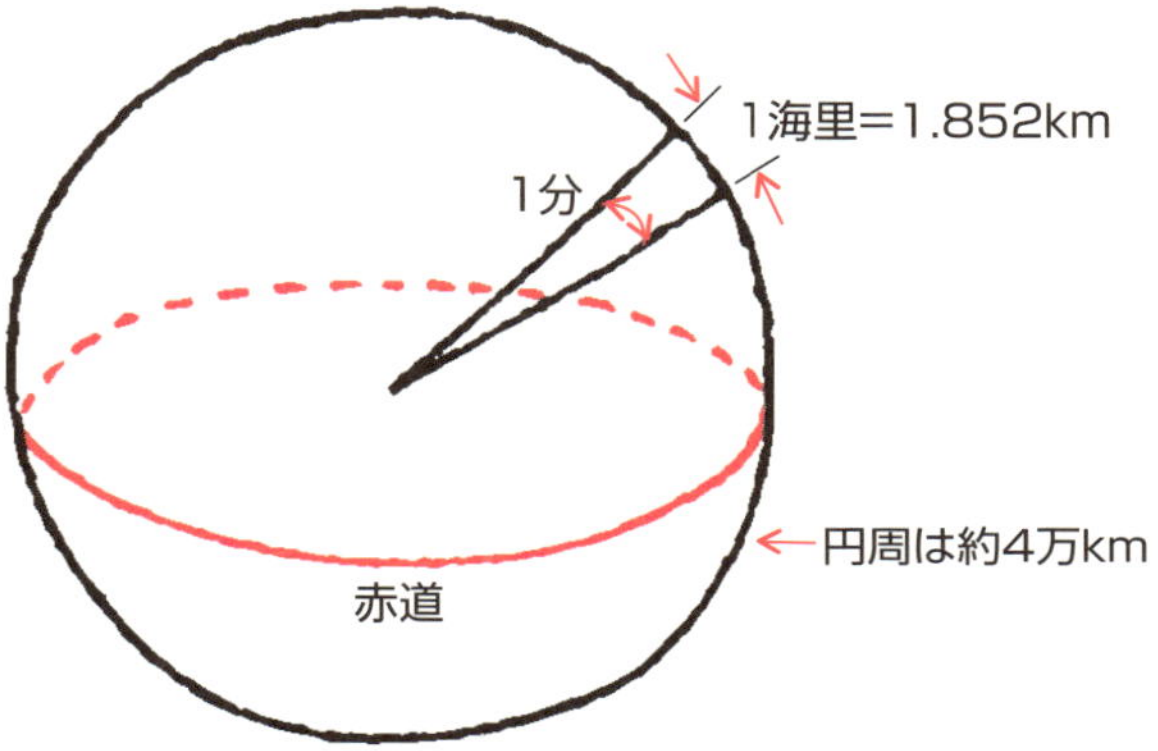

地球の平均的な円周は40000kmで、1周で360度なので、さらにその1/60の緯度1分に当たる円周が1.852kmとなる。この距離を1海里(nautical mile)と呼ぶ。この距離を走る時速が1ノットと定義されている。

1ノット=1.852km/h

ノットの言源は?

5 飛行機と船の違い

大きな船ができる理由

水に浮かぶ船と空に浮かぶ飛行船はいずれも浮力によって浮いていますが、空気と水の密度が８００倍違うことが大きな違いを生じさせます。浮力は液体の密度に比例するので、空中では、水中の１／８００の浮力しか働かないため、軽いものしか運ぶことができません。同じ75mの飛行船と船を比べてみると、飛行船は２トンしか運べないのに、船は２４００トンも運べます。

もっと重たい物を空中で運べるように考えられたのが、鳥のように翼に働く揚力で浮かぶ飛行機です。前進方向に対して、翼に少し角度を付けると、翼に上向きの揚力が働きます。この揚力には前進速度があるのが必須条件なので、飛行機は推進器で滑走路を走って、あるスピードになると揚力が機体重量を上回って、空中に飛びあがることができます。

船を水に浮かべる浮力と、飛行機を空中に飛ばせる揚力のもっとも大きな違いは、浮力は体積に比例しますが、揚力は翼の面積に比例することです。体積は寸法の３乗に比例して、面積は寸法の２乗に比例します。船や飛行機の重さは、寸法の概略３乗に比例するので、同じく３乗に比例する浮力とはどんな大きさでも釣り合います。一方、飛行機の揚力は２乗に、重量は３乗に比例するので、その大きさに限界があるのです。地球上の動物でも、海と陸と空で大きさに違いがあります。浮力で水に浮かぶ鯨はシロナガスクジラのように非常に大きくなれますが、陸上で地面の反力で支えられる動物はアフリカゾウが大きさの限界で、空を飛ぶ鳥ではワタリアホウドリが最大で、その大きさを比べるとおおよそ１１：２：１の比となります。浮力だけでなく、物体に働く抵抗も流体の密度に比例します。すなわち、同じ物体が同じ速度で移動する場合、水の中での抵抗は、空気中での８００倍も大きくなります。これが、船が飛行機のように速くは動けない理由です。

要点BOX

- ●空気抵抗と水の抵抗の大きさが速さの違い
- ●水の浮力で浮かぶ船は大型化できる
- ●空中の浮力は水中に比べると1/800

空の船と海の船の違い

75mの飛行船は、わずか2トンの荷物しか運べないが、同じ75mの貨物船は約2400トンもの貨物を運べる。これは空気と水の800倍違う密度が原因。

揚力で浮ぶ飛行機

飛行機は翼に働く揚力によって空気中に浮かび、船は水面下に沈む船体に働く浮力で浮かぶ。

揚力 $\propto$ 翼の面積
浮力 $\propto$ 体積

したがって、体積に比例する重量を揚力で支えるには限界があり、旅客機はジャンボジェットやエアバスA380以上には大きくできない。

海・陸・空の最大動物の大きさくらべ

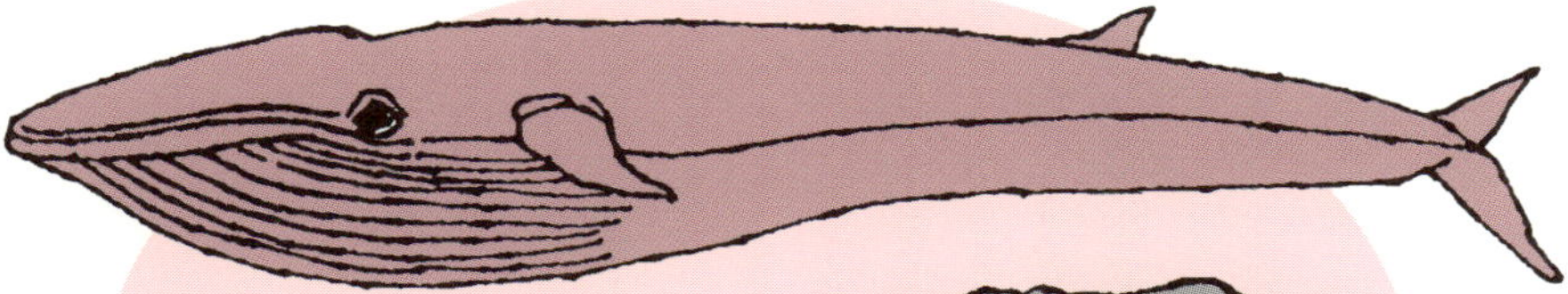

浮力を利用するくじらは大きくなれるが、揚力を利用する鳥には大きさに限界がある。

海：シロナガスクジラ　34m：浮力
陸：アフリカゾウ　6m：地面反力
空：ワタリアホウドリ　3m：揚力

6 船と他の輸送機関との違い

各輸送機関には、そのスピードに得意領域がある

海、陸、空の交通機関を比較してみましょう。まずスピードです。船のスピードは、時速30～40㎞程度が一般的で、速い船でも時速70㎞程度です。もちろん、競走用のボートでは時速５００㎞以上という記録もありますが、実用的な船ではありません。

陸上の自動車では時速40～１００㎞程度、鉄道では80～３００㎞です。空の交通機関である商用飛行機では時速５００～７００㎞が一般的です。

このように海、陸、空の輸送機関では、そのスピードに得意領域があるようにみえます。これを輸送に費やすエネルギーという視点からみてみましょう。

こうした交通機関のエネルギーの比較によく用いられるのが「比出力」という指標です。それぞれの輸送機関のエンジン馬力を、輸送能力量（トン）と輸送速度の積で割った値で、この値が小さいほどエネルギー効率が良いことを表しています。次ページの図は、大阪大学の赤木新介先生が作った比出力をベースに、著者が少しわかりやすく描きなおしたものです。この図からわかるように、１９５０年に、カルマン氏とガブリエリ氏が比出力の下限線が、スピードと共に増加する赤の点線のようになることを示しました。その後、空ではジェット機が登場し、陸上では新幹線が、そして海では巨大なタンカーやバルクキャリアと呼ばれる専用船が登場していくと、この下限線を下回るエネルギー効率の良い輸送機関が登場してきました。

この図から、時速30～50㎞では船舶が、時速１００～30㎞では鉄道が、５００㎞以上では飛行機がもっともエネルギー効率の良い輸送機関であることがわかります。

船では、小型客船や水中翼船がスピードの割にエネルギー効率が悪いこと、鉄道に比べて車はエネルギー効率が悪く、特にガソリンエンジンの乗用車が悪いこと、空ではヘリコプターのエネルギー効率が悪いことがわかります。

要点BOX

- 交通機関のエネルギー効率を示す「比出力」
- 比出力が小さいほどエネルギー効率が良い
- 低速域では船のエネルギー効率が良い

各輸送機関の得意領域

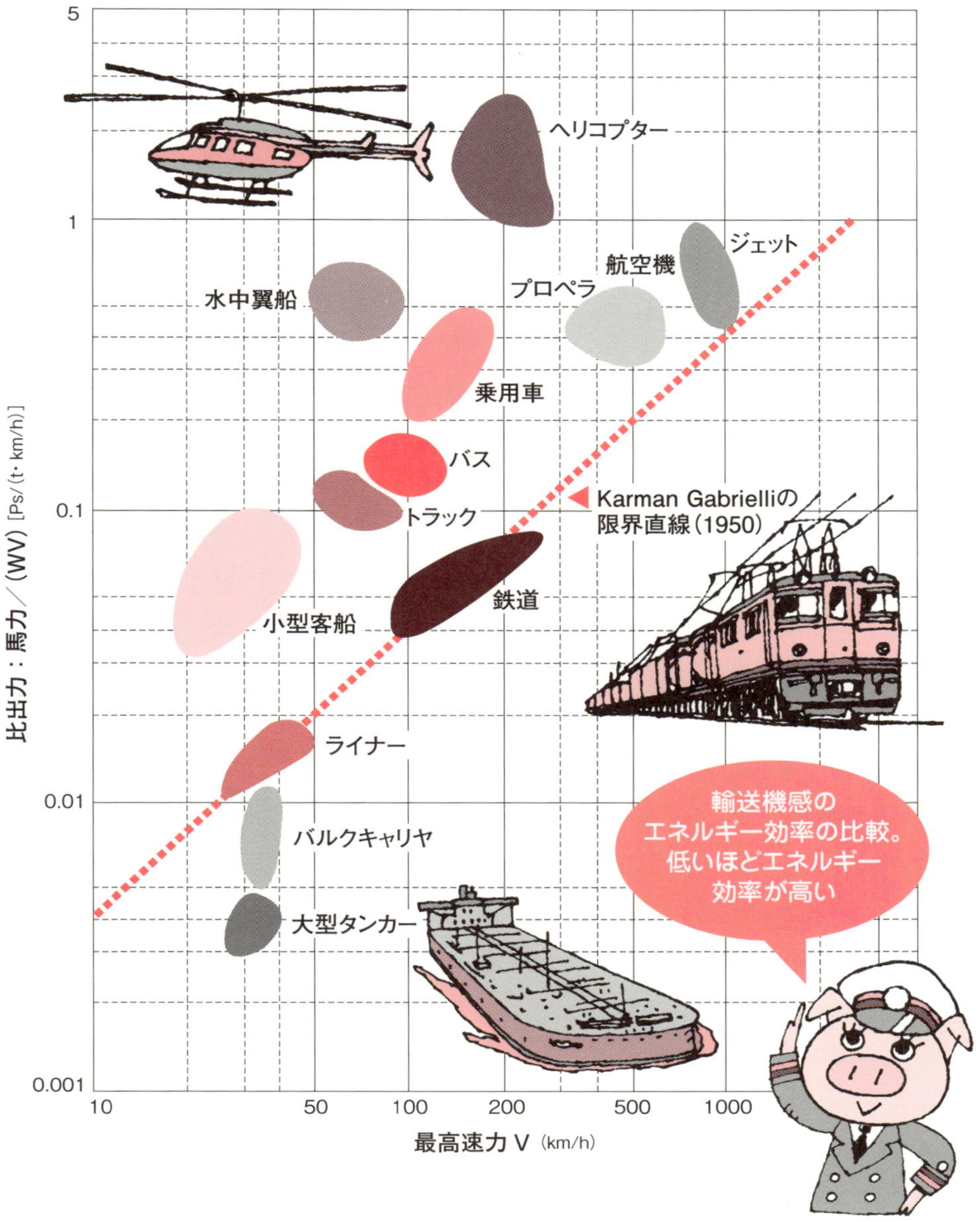
5
1
0.1
0.01
0.001
10
50
100
200
500
1000
比出力：馬力／(WV) [Ps/(t・km/h)]
最高速力 V (km/h)
ヘリコプター
ジェット
航空機
プロペラ
水中翼船
乗用車
バス
トラック
Karman Gabrielliの
限界直線(1950)
鉄道
小型客船
ライナー
バルクキャリヤ
大型タンカー
輸送機感の
エネルギー効率の比較。
低いほどエネルギー
効率が高い

7 モーダルシフトとは

エネルギー効率の良い輸送機関への移行

飛行機や車などのエネルギー効率の悪い交通機関から、鉄道や船舶などのエネルギー効率の良い輸送機関に輸送モードをシフトさせて、輸送全体でのエネルギー消費を低減させるとともに、CO_2排出を削減することを「モーダルシフト」といいます。

各種の製品、雑貨はトラックによって輸送すると便利です。荷物を送り出す場所から、その荷物を受け取る場所まで一貫して輸送ができるからです。これを「ドア・ツー・ドアの輸送」といいます。身近なものとしては宅配便がその典型です。自宅に荷物を引き取りに来てくれて、受取人の自宅まで届けてくれます。このような便利さと、高速道路網の整備が進んだことから、国内の物流はどんどんトラックに頼るようになりました。

船での輸送は、港から港までで、その両端で荷物の積み替えが必要でした。さらにトラックに比べると、スピードは半分から1／3なので、輸送時間も長いという欠点がありました。そこで、トラックを船に乗せて運ぶ船がモーダルシフトの立役者として白羽の矢がたちました。トラックで集荷した荷物を、トラックごと船に乗せて海上輸送して、着いた港からトラックで届け先まで運ぶことで、ドア・ツー・ドアの輸送が可能となりました。トラックは、船から岸壁にかけるランプウェイという斜路を通って自走で積み下ろしをされます。こうした船を「ローロー船（RORO船）」といいます。ロールオン・ロールオフを略したものです。

ローロー船には、旅客も一緒に運ぶカーフェリーと、トラックやシャーシだけを運ぶローロー貨物船があります。スピードも20ノット以上と速く、１００台以上のトラックを一度に運べる船が多くなってきました。たとえば、関東と九州の物流の場合、東京港と北九州港まで約１０００kmを海上輸送するとCO_2の排出はほぼ半減します。さらにトラックドライバーの負担も小さくなるというメリットもあります。

要点BOX

- ●エネルギー効率の悪い手段からエネルギー効率の良い輸送機関に輸送モードをシフト
- ●注目される車を乗せるローロー型船

モーダルシフトとは?

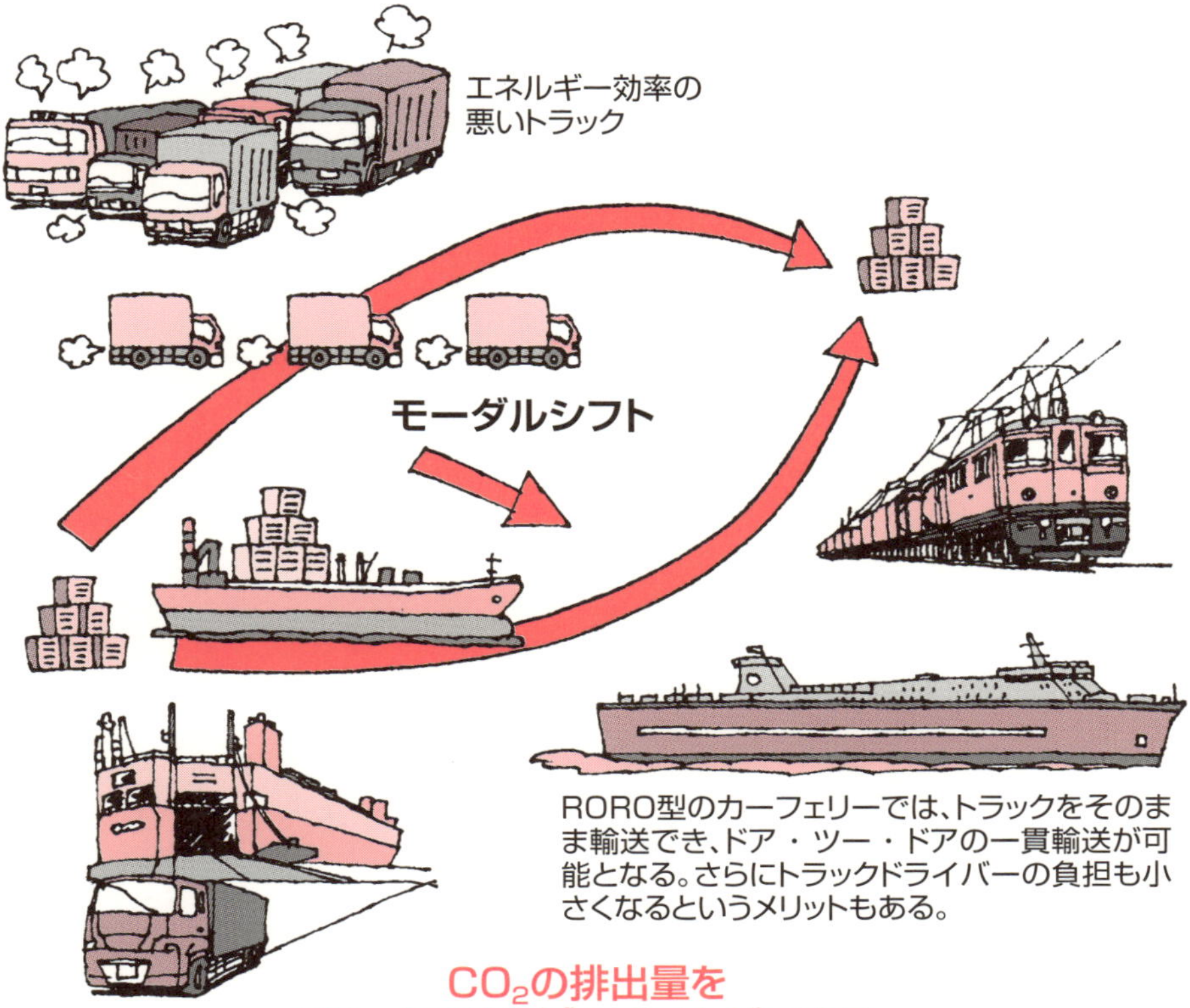

CO_2の排出量を
80～90%も減らすことができる

輸送量当たりの二酸化炭素の排出量（貨物）

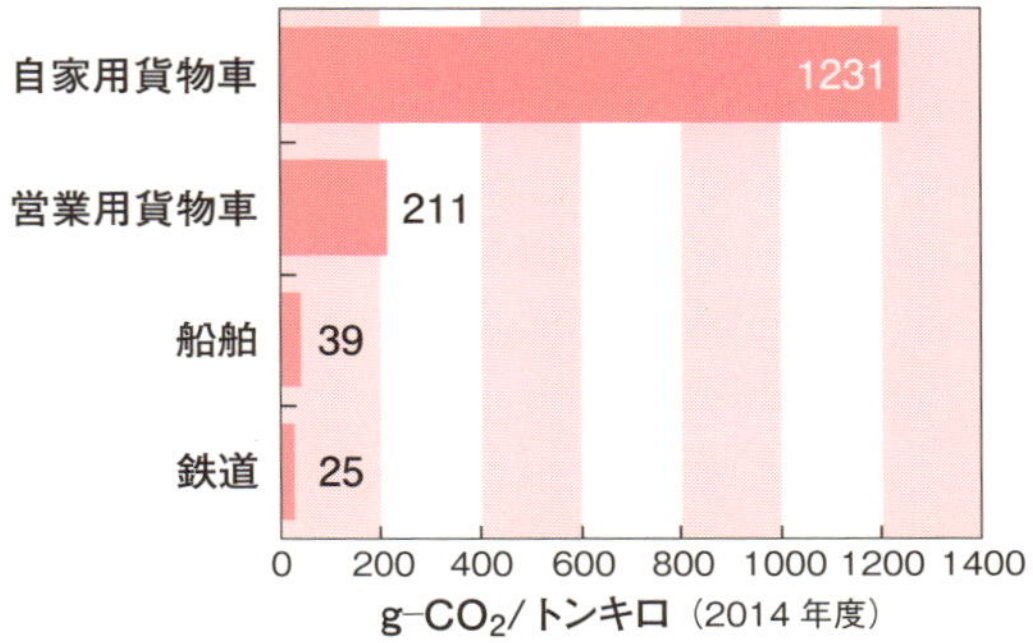

（出典:国土交通省「運輸部門における二酸化炭素排出量」調査データ）

Column

船を起原とする航空用語

　飛行機を作る技術は、船の技術とよく似ています。同じ「トコトンシリーズ」の「トコトンやさしい航空工学」をぱらぱらと眺めてみると、本書で解説した流体力学や構造力学と共通したところが散見されます。

　著者の勤務する大阪府立大学には船舶工学を教える海洋システム工学課程と、航空工学を教える航空宇宙工学域の2つが、同じ機械系学課程の中にあり、1年生の時には一緒に学んでいます。すなわち、2つの工学は、最終的に製造される製品の姿かたちは違いますが、学問的には親戚同士なのです。

　航空用語の中にも、船舶用語を起原とする言葉がたくさんあります。飛行機のパイロットは、船を港などに安全に誘導する水先（案内）人から来ていますし、最近はキャビンアテンダントと呼びますが、かつてはスチュワーデスと呼ばれていた客室乗務員は、船でのサービス要員であるスチュワードが起原です。船では男性でしたが、飛行機では女性が中心だったので語尾が変化しました。

　船の左舷のことをポートサイドといいます。帆船も初期の頃、船の舵は右舷についており、その舵を傷めないように港に着くときには反対舷の左舷を岸壁に着けたので、左舷をポートサイド（港側）と呼ぶようになりました。船の舵は、その後、船尾端に着けられるようになり、現在の船では左右舷どちらを岸壁に着けるかは決まっていません。しかし、航空機の場合には空港では必ず左舷側、すなわちポートサイドに着けています。船の古い伝統を、飛行機が守ってくれているなんて面白いですね。

船のパイロットは、港外でパイロットボートから乗り込んで、船長に入港操船のアドバイスをします。

第2章

船の力学
—水編—

8 重い船が浮かぶわけ

水から受ける浮力の発生原理

船の最大の特徴は、水に浮いていることで、これは水から受ける浮力のおかげです。この浮力で水面に浮かぶ物体を「浮体」といい、船も浮体の一種です。浮力が働くのは、水中の水圧が下から浮体を支えているためです。水の中では、水面からの水深に比例して圧力が高くなり、これを「水圧」といいます。圧力とは、働く力を面積で割った値で、単位面積当たりの力です。水中では1m深くなると、1m四方の面に約1トンの力が働きます。

たとえば、長さ10mで幅が4mの四角い箱舟が、喫水（水面から船底までの深さ）が2mで浮かんでいるとすると、船底の面積は10×4=40m²となり、船底の水深が2mなので、1m四方の船底面に2トンの水圧が働くため、船底に働く水圧による力は80トンとなります。水中での圧力は常に働く面に垂直の方向に働くため、この力は上向きの力であり、これが、この箱舟に働く浮力となります。

アルキメデスは、この浮力が水面下の形状がどのようなものでも、水面下に沈む容積と同じ水の重さに等しいことを発見し、これを「アルキメデスの原理」といいます。先の箱舟にこの原理を当てはめてみると、水面下の体積が10×4×2=80m³で、1m³の水の重さは約1トンなので浮力は80トンとなり、先に船底の水圧から求めた浮力と一致します。

この浮力は、船が押しのけた水の重さに等しくなるので、それと釣り合う船の重さのことを「排水量」と呼ぶようになりました。

さて、この浮力は水の密度にも比例します。密度が大きければ浮力も大きくなります。海水は塩分を含んでいるので密度が大きいため、海では浮力が大きくなります。塩分濃度が濃い死海では、人が水面に容易に浮かぶのは、水の密度が多いために浮力が大きくなるためです。また、水の密度は温度によっても変わり、冷たくなると密度が大きくなります。

要点BOX

- ●浮力で水面に浮かぶ物体を「浮体」という
- ●アルキメデスの発見した「浮力の原理」
- ●浮力は船が押しのけた水の重さに等しい

浮力が働く原理

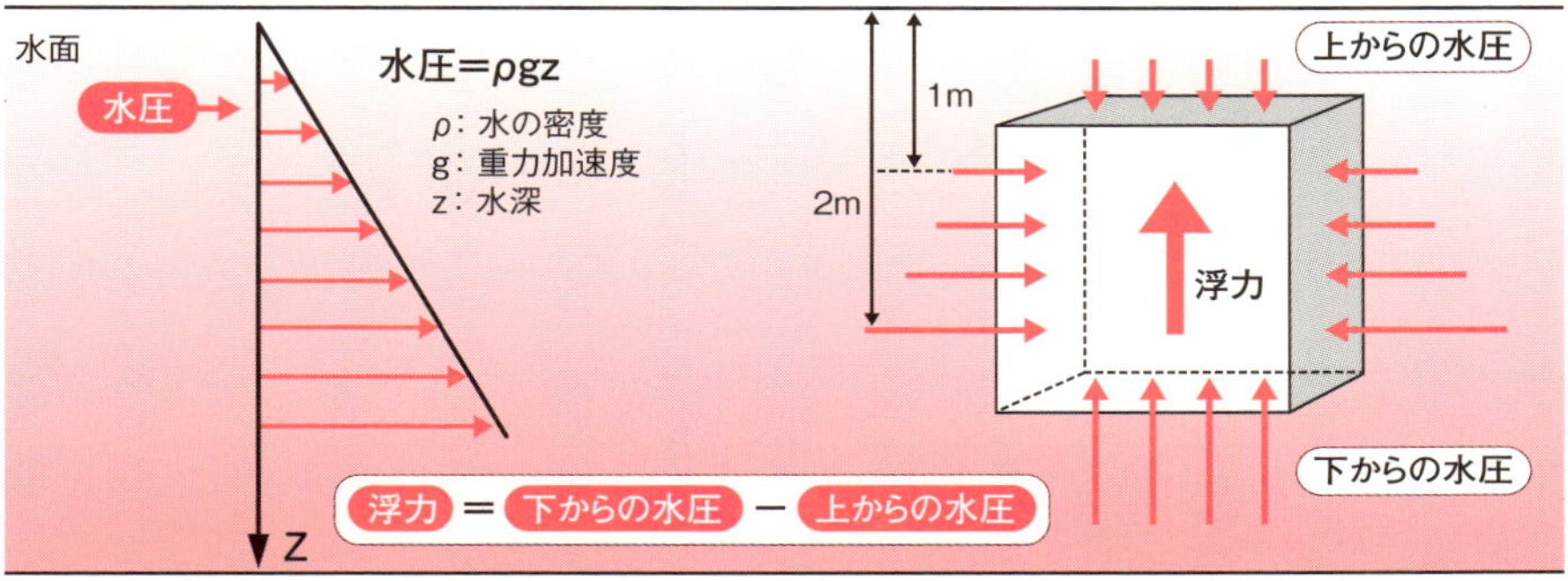

アルキメデスの原理

浮力 ＝ ρg ▽←水面下の物体の体積

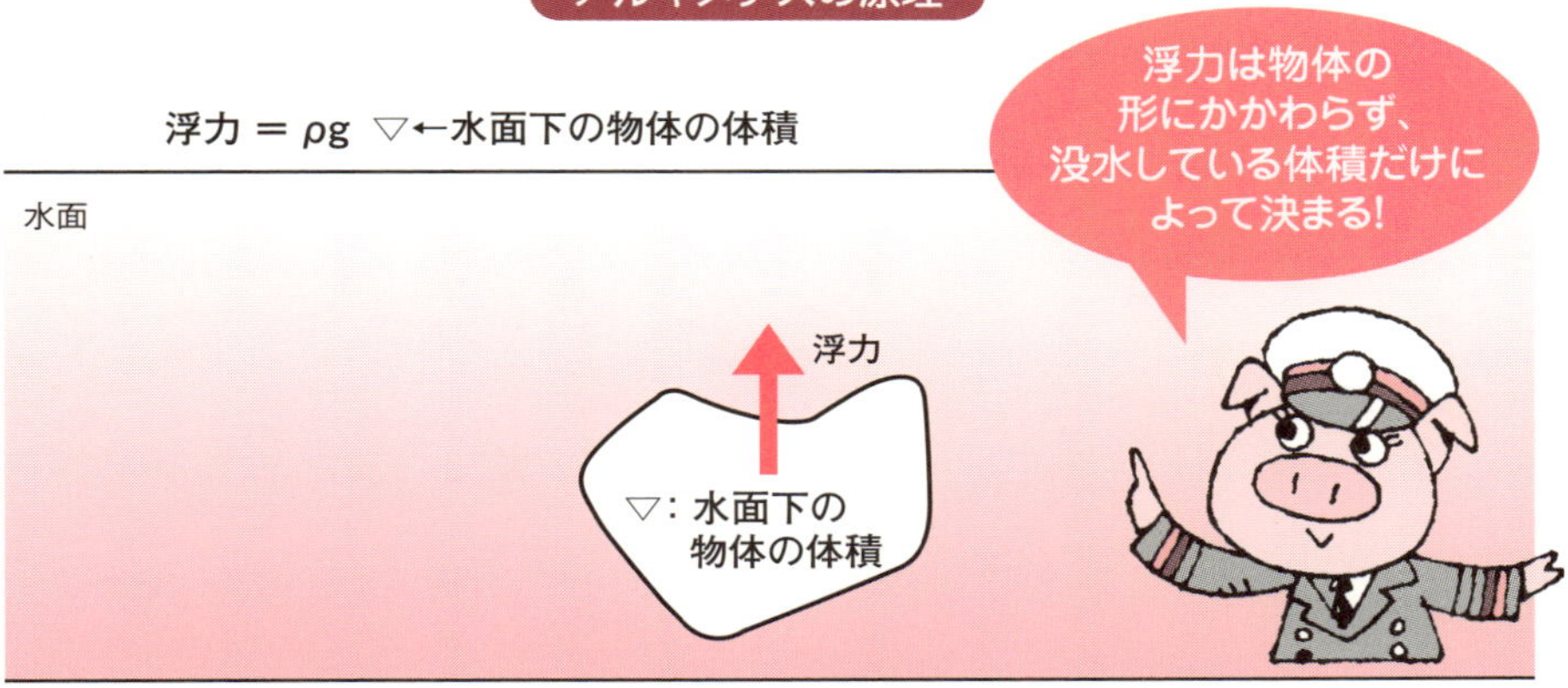

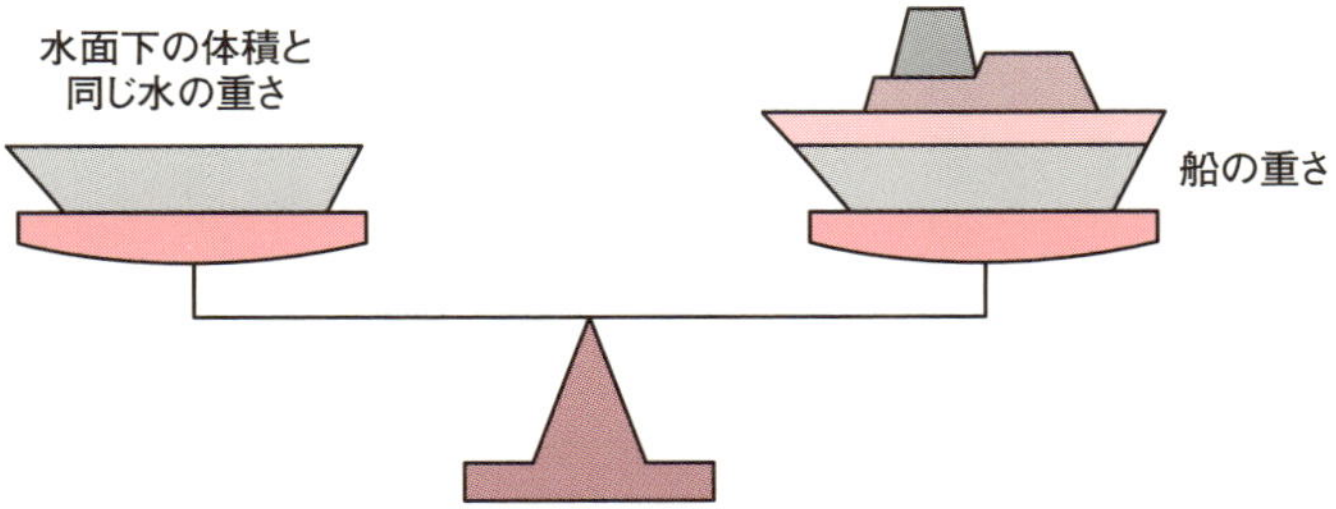

船の重さ ＝ 船が押しのけた水の重さ ＝ 排水量

9 船を転覆から救う復原力

GZカーブは船の安全性に大切な特性

船を転覆から救うのが復原力です。船が傾くと、船体に働く浮力の作用点が移動して、船に働く重力と浮力の作用線がずれて、船を直立状態に戻そうとする回転力が生まれます。これを「復原力」または復原モーメントといいます。

復原力は幅が広い船ほど大きくなります。これは傾いた時に幅が広いほど浮力の作用点の横への移動が大きくなり、重力との作用線のずれが大きくなるためです。

また、復原力は重心が高いほど小さくなって危険です。重心が高い位置にあると、傾いた時に重心の作用線が、浮力の作用線に近づいて、両者のずれが小さくなるためです。

重力と浮力の作用線のずれの距離を復原梃《てこ》といい、専門家はGZと呼びます。船の設計では、必ずこのGZを計算して図面化しており、これが復原力曲線、GZカーブと呼ばれる、船の安全性にとって非常に大切な特性を表すものです。

このGZはいつでも正の値をもっていなくてはなりません。GZが負になると、船は起き上がらずに転覆する方向に回転するからです。GZは、傾斜するにしたがって大きくなり、ピークを迎えてから減少し、やがて負の値になります。このGZが正から負に変わる点を、復原力消失角と呼び、どんな海の状況でもこの点を超えることがないように船を設計することが造船技術者の腕の見せ所となります。

大きな横揺れによる荷崩れ、タンクの中で動く液体貨物は復原力を減らすので、船の設計時には大切な検討事項となります。

復原力は大きければいいわけではありません。復原力が大きすぎると、波の中での横揺れが周期の短い激しいものとなり、乗客や船員の船酔いや、積載貨物に大きな加速度が働いて荷崩れを起こしやすくなるためです。

要点BOX
- ●復原力は幅が広い船ほど大きい
- ●復原力は重心が高いほど小さくなって危険
- ●GZは必ず正の値をもっていなくてはならない

重力と浮力の作用線のずれが生む復原力

船が傾斜すると復原力が働く原理

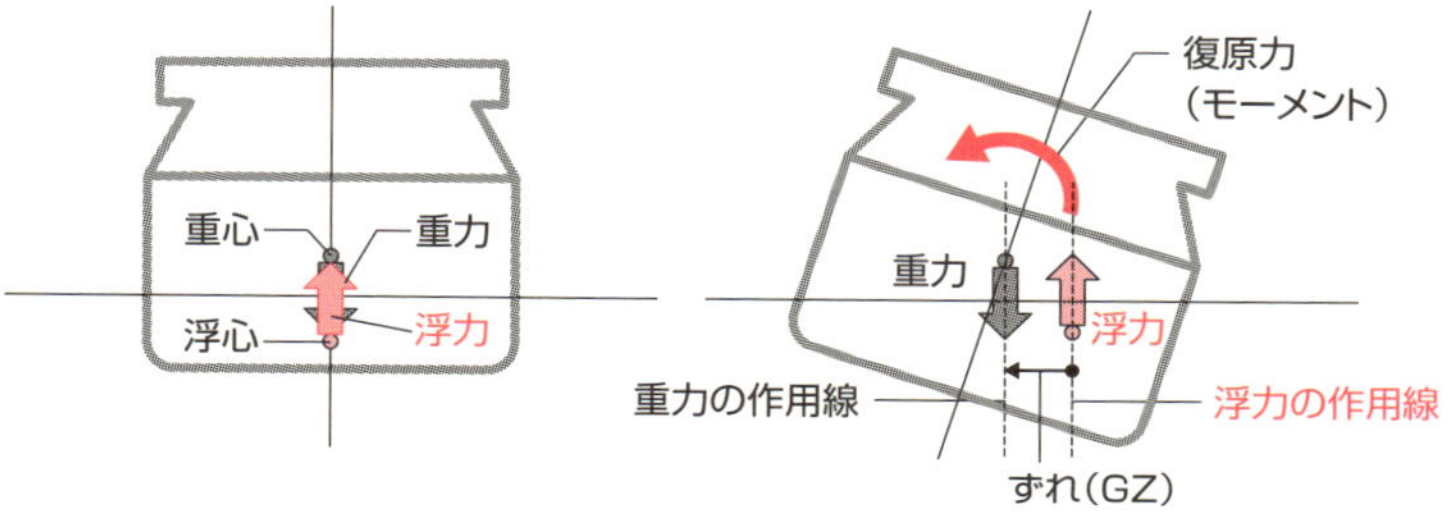

幅が広いと傾いた時の浮力の横移動が大きく、復原力が大きくなる

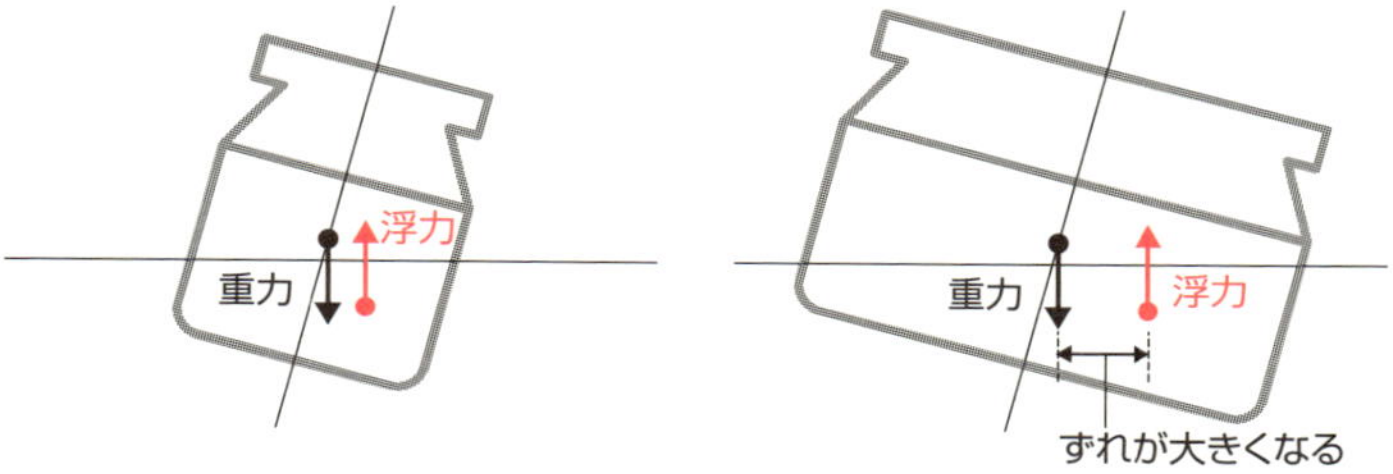

重心が高くなると重力の作用線が浮力の作用線に近づいて復原力が小さくなる

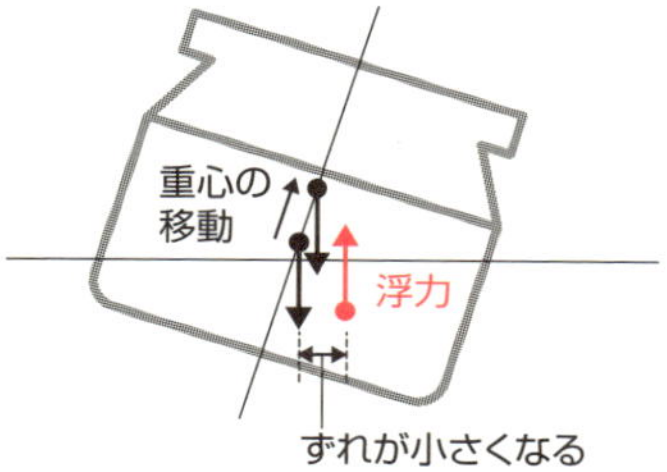

10 復原力を小さくする波もある!!

後ろから波を受けると危険

波の中での船の転覆は、横から大きな波を受けたとき、と考えがちですが、そうとばかりとは限りません。船が、前もしくは後ろから大きな波を受けると、復原力が減少することがあり、たいへん危険な状況となる場合があるのです。特に、後ろから波を受ける追波状態では、危険な状況が長い時間続くこともあり、突然、大傾斜をして荷崩れを起したり、場合によっては転覆にまで至ったりします。

この復原力の減少は、後ろからの波の長さが船の長さに近く、船首と船尾が波の谷、船体中央が波の山がきた時に顕著となります。この現象は、船首尾の船体断面の幅が、水深が深くなるにつれて急速に減少するような痩せた船体形状をもつ高速船でよく起こります。また、波の進行速度と船の速度がほとんど等しい時に、この復原力が小さい危険な状態が長く続くので危険です。では、どのような時に波と船の速度が一致するのでしょうか。

たとえば日本の近海でよく出現する波長１００ｍ程度の波は、周期が約８秒で、その波の進行速度は約25ノットとなります。この波の進行速度を「波速」と呼び、波の山が進む速度です。すなわち、周期８秒の大きな波を後方から、船長が１００ｍ程度の船が、波速と同じ25ノットで航海中に受けると、長時間復原力が小さい危険な状況が続くことになります。波長が１６０ｍ程度の波の中では、船長が１６０ｍ程度の船で、31ノット前後が危険な船速となります。

この計算には、次の公式が使われています。すなわち、波の波長と波速は、波の周期によって決まり、次の式で求めることができるのです。

波長(m)=1.56×周期^2

波速(m/s)=1.56×周期

この式で波の速度が計算でき、得られた波速を２倍にするとノットに換算ができるので、船の速度と比べることで両者が一致するための条件がわかるのです。

要点BOX

●船の前後から大きな波を受けると復原力が減少することがある
●特に後ろから波を受ける追波状態が危険

波の中での復原力の減少

船の長さと波の波長がほぼ等しく、波の山が船体中央に来ると、

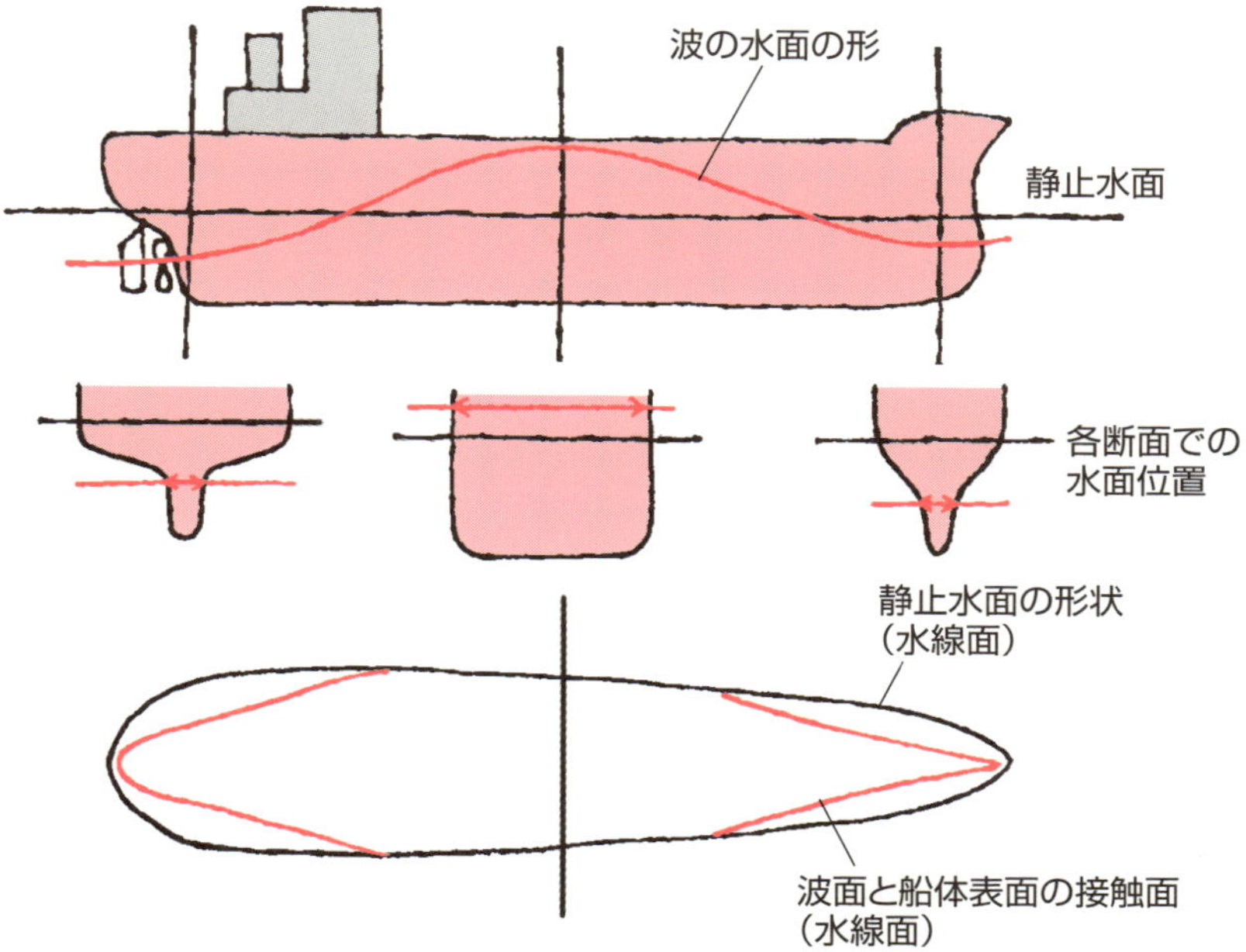

復原力 ∝《比例》 水線面の幅^3

波によって水線面の幅が減少→復原力減少

なぜ、追波中がより危険なのか?

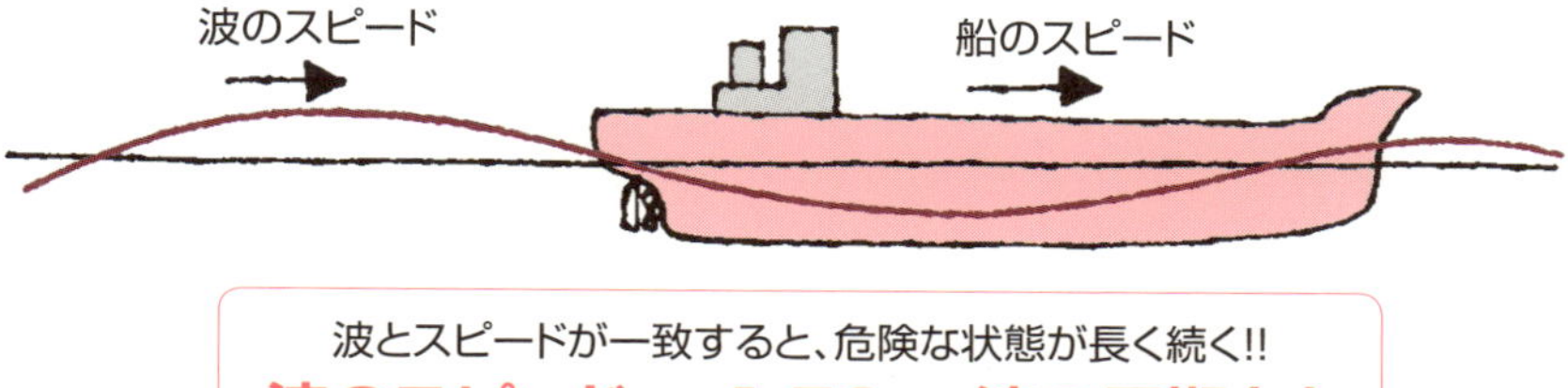

波とスピードが一致すると、危険な状態が長く続く!!

波のスピード ＝ 1.56 × 波の周期（s）

波の波長 ＝ 1.56 × 波の周期（s）^{2}

11 動く抵抗が働くわけ

形状をできるだけ流線型に近づける

　水の中を移動する船には、大きな抵抗が働きます。このことはプールの中を走ってみると、この水の抵抗の大きさを実感できます。この抵抗を減らすためには、立って走るのではなく、水平に浮かんで泳ぐ方が楽なことがわかります。水平に浮かんで進むと抵抗が大幅に減り、速く進むことができるのです。

　一般に液体中を移動する物体に働く抵抗としては、液体の粘性のために、水が物体表面を擦《こす》ることによって働く摩擦抵抗と、物体の後方に渦を造ることによって働く粘性圧力抵抗があります。摩擦抵抗は表面に沿う方向に、粘性圧力抵抗は表面に直角に働く力です。

　人間が立ってプールの中を走っているときには、体の後方に大きな渦を造って、非常に大きな粘性圧力抵抗が働きますが、ほぼ水平の姿勢で泳ぐと、発生する渦が小さくなって粘性圧力抵抗が一気に減ります。この渦の発生を最小にまで減らしたのが流線型と呼ばれる形です。同じ抵抗をもつ流線型と円の大きさを比べると、驚くほど大きさが違うのに驚かされます。流線型は、後部の形状が後ろに行くほど細くなっていて、流れが物体表面から剥がれないようしています。この流れが物体表面から剥がれてしまうことを「流れの剥離」と呼び、その後方に渦が形成されます。この渦が抵抗を大きくします。水中を速く進むクジラやイルカ、空中を飛行する鳥の胴体は流線型に近い形をしていますし、飛行機やスポーツカーなども流線型をしています。

　船の場合にも、後部の形状をできるだけ流線型に近づけて、船尾で渦が発生しないようにその形状を決めています。船の場合には、摩擦抵抗と粘性圧力抵抗の他に、水面に波をつくることによる抵抗である「造波抵抗」が働きます。水面とは空気と水の境界で、自由に形状が変化するので自由表面と呼ばれ、この形状変化が波です。

要点BOX

- 水の中の移動は大きな抵抗が働く
- 水平に浮かんで進むと抵抗が大幅に減る
- 流星型は抵抗が非常に小さい

動きと抵抗の関係

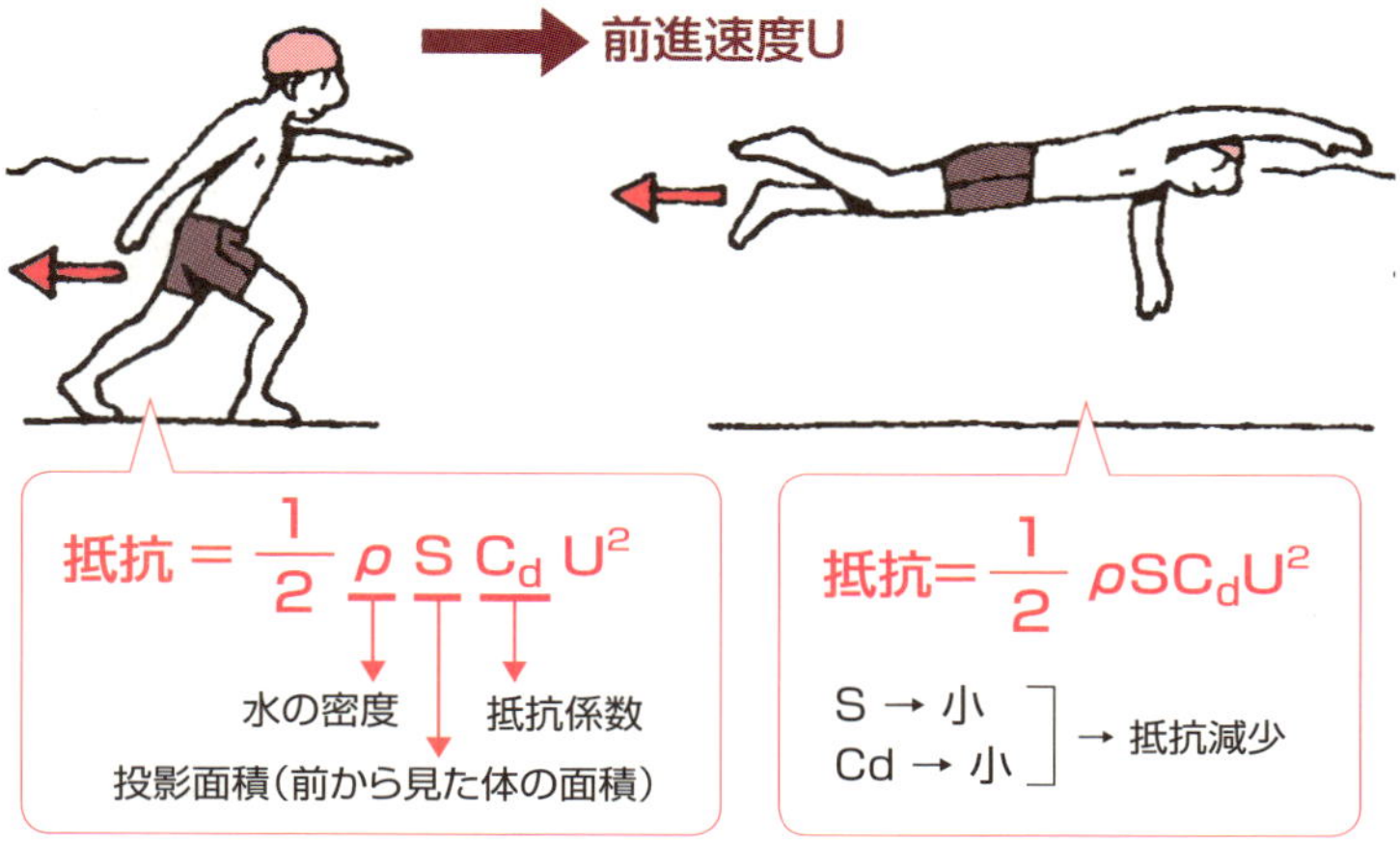

走る時に、抵抗係数Cdが大きくなる原因は、

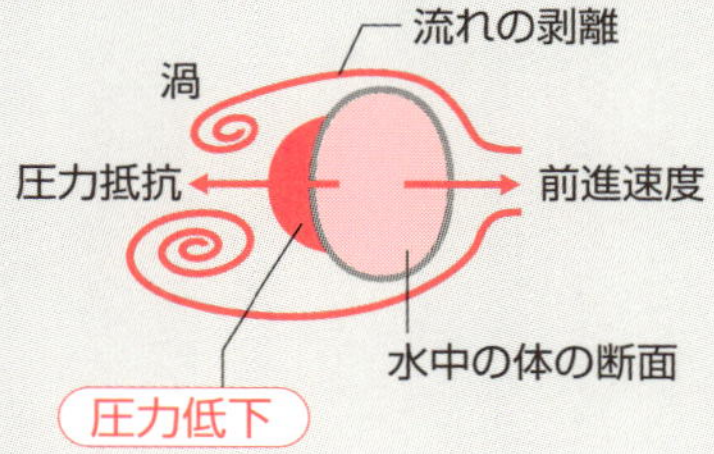

抵抗係数Cdの小さい流線型とは?

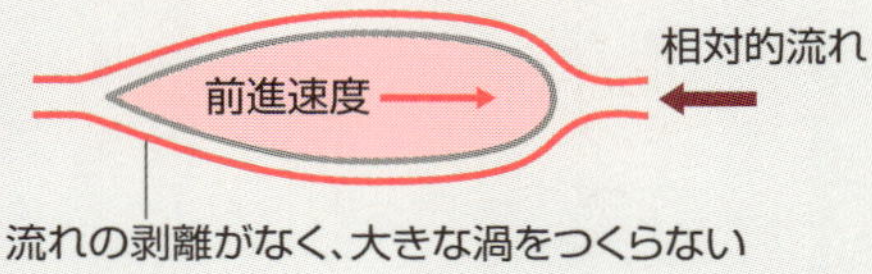

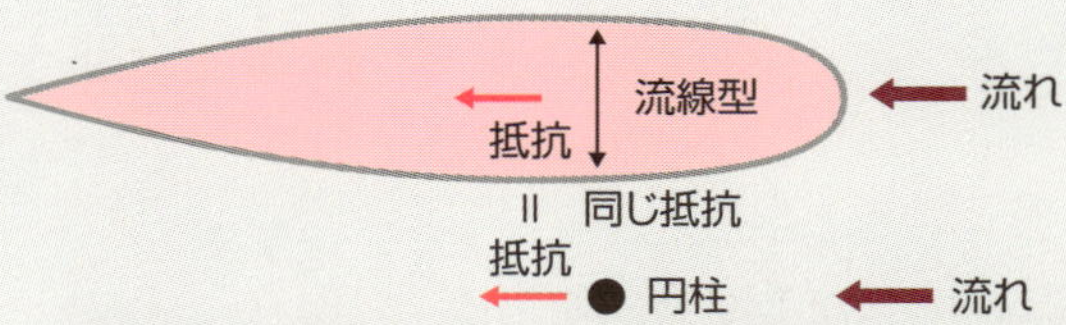

抵抗が同じ流線型と円柱（図では黒丸）の大きさ比べ

12 波をつくることによる抵抗

船首からの八の字形の波が「ケルビン波」

走る船を上から見ると、船首から斜めに何本もの波が斜めにできていて、この波は船と一緒に動いています。この八の字形の波を「ケルビン波」と呼びます。この波の形が、小さな模型でも実際の船でも、ある数が同じであれば一緒になることを、約120年前にウィリアム・フルードというイギリスの造船研究者が発見し「フルード数」と名付けられました。このフルード数は、船のスピードを、重力加速度と船の長さの積の平方根（ルート）で割ったものです。重力加速度とは地球の引力を表す数値で、地球上ではほぼ一定で、約$9.8m/s^2$です。

船の造波抵抗は、このフルード数によって決まります。すなわち、模型船のように形が同じで大きさが異なる船でも、フルード数を同じにすると、実船と同じ形の波が起こり、その波の高さも寸法比と同じとなります。すなわち、1／100の縮尺の模型のつくる波の波長も波の高さも実船の1／100となることになります。こうした関係が明らかになり、模型船を使った実験で、実際の船の造波抵抗を推定することが可能となりました。現在でも、船を建造する前に、長いプールのような船舶試験水槽で模型実験が行われて、船に働く抵抗が計測されています。実験精度を上げるため、6～8mの長さの大きな模型船が用いられます。

船の造波抵抗はなかなか複雑です。船首や船尾から八の字波が発生するほか、船の後ろにも進行方向に直角方向に山をもつ横波も発生します。フルード数が0・2くらいから、発生する波が大きくなり、造波抵抗は増加しはじめて、0・3を超えるとまさにうなぎ上りに急増します。これを「造波抵抗の壁」と呼び、このフルード数域では、エンジン馬力を大幅に増加させてもスピードは少ししか速くなりません。さらに船首と船尾の波が干渉して抵抗曲線にはうねるような波が現れます。

要点BOX

- 船の造波抵抗はフルード数によって決まる
- 模型実験で船に働く抵抗を計測
- フルード数が同じだと同じ造波抵抗係数となる

水面に波をつくることによる造波抵抗

船がつくる波を決めるのはフルード数

フルード数 ＝ 船速（m/s）/$\sqrt{動力加速度×船の長さ}$

フルード数が同じだと、船のつくる波も同じ、抵抗係数も同じ

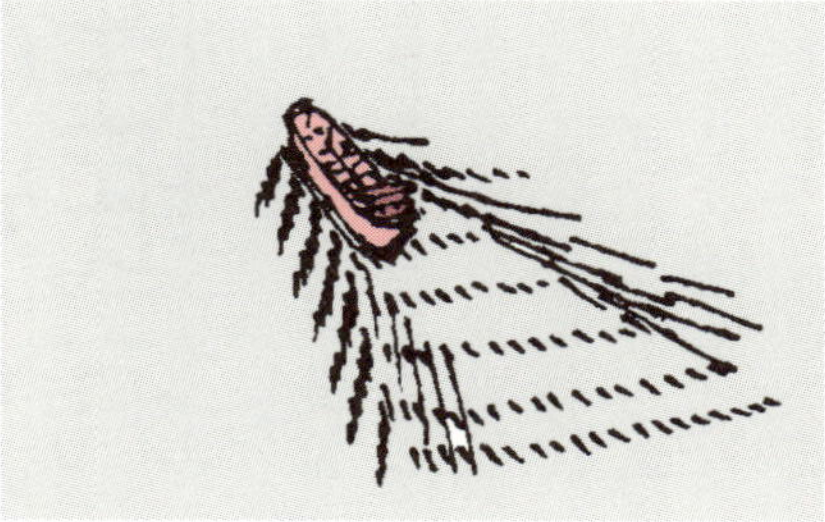

走行する船が発生するケルビン波

ウィリアム・フルード
（1810年〜1879年）

模型船を使った水槽試験で造波抵抗を知る!

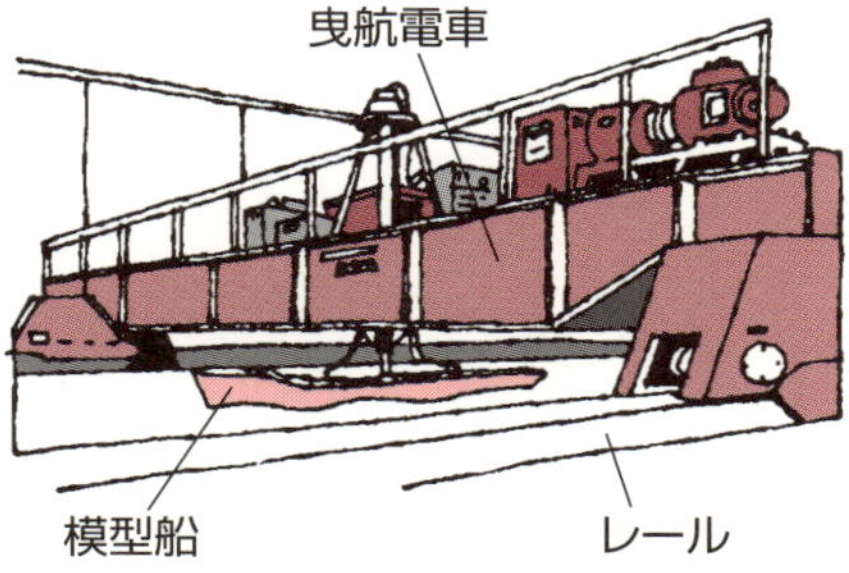

水槽テスト

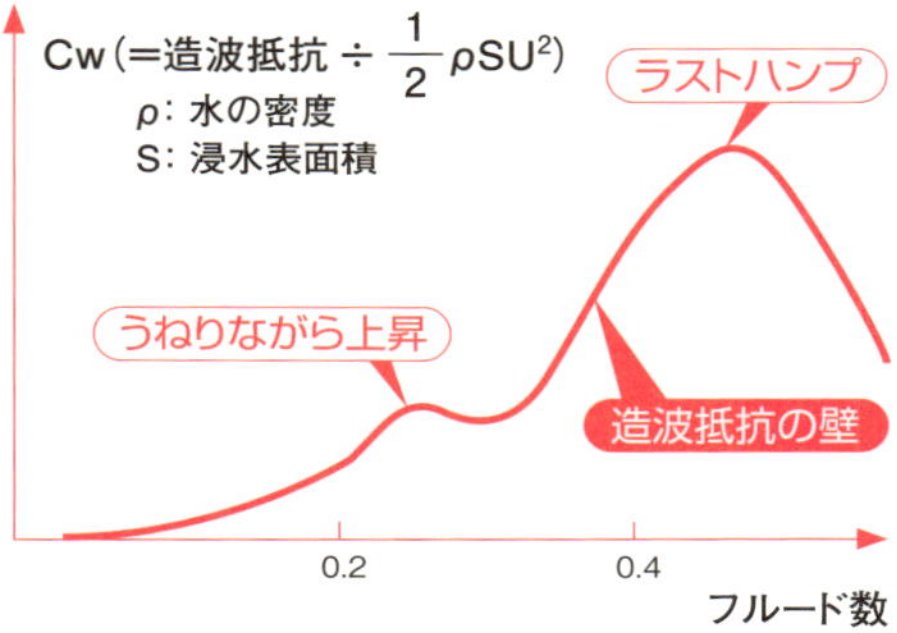

造波抵抗を減らす球状船首

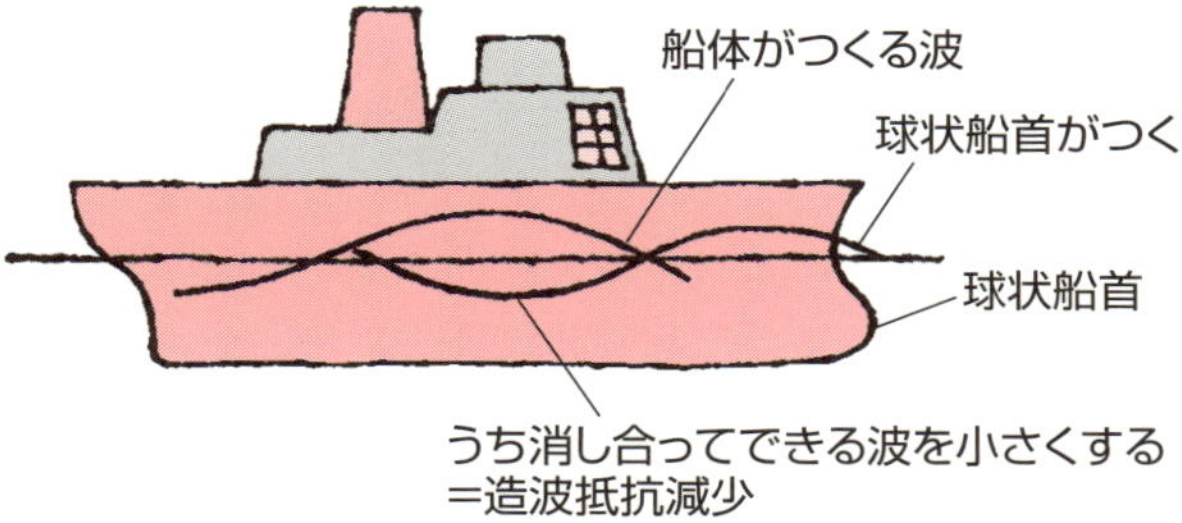

干渉効果を利用して、水面下の船首部を丸く膨らませる球状船首で造波抵抗を低減する技術もある。

13 水の粘り気が起こす粘性抵抗

摩擦抵抗と粘性圧力抵抗

造波抵抗と共に、船に働く抵抗で大事なのが、流体の粘性によって働く摩擦抵抗と粘性圧力抵抗です。この2つの粘性抵抗は、レイノルズ数という数によって決まることがわかっています。このレイノルズ数は、船のスピードと船の長さを掛け合わせた値を、流体の動粘性係数で割った値で、物理的には流体のもつ慣性力と粘性力の比となっています。動粘性係数は、流体に固有の値ですが、温度によって多少変化します。

フルード数が同じだと同じ造波抵抗係数となり、レイノルズが同じだと同じ粘性抵抗係数となります。

船体の表面近くには、表面に働く摩擦力によってエネルギーを失ってスピードの遅くなった場所があり、「境界層」と呼ばれています。この境界層は、レイノルズ数が低いときは整然とした層流ですが、高くなると乱流という乱れた状態になります。層流では摩擦抵抗が小さく、乱流では大きくなります。この層流から乱流への変化を「遷移」といい、物体表面の状態が同じであればレイノルズ数だけで決まります。また、乱流の方が流れの剥離が起こりにくくなります。

実際の船の場合には、レイノルズ数は十分大きく、船体表面近傍の境界層は乱流境界層になっています。境界層は、船首部からだんだんと成長して厚くなり、エネルギーを失っていき、ついには流れの剥離を起こすこともあります。船尾部の断面積が急激に減少するところでは、強い剥離が発生して大きな渦が形成されて、圧力が減少します。これが粘性圧力抵抗です。摩擦抵抗が船体表面に沿って働くのに対して、粘性圧力抵抗は船体表面に直角に働きます。

船舶の抵抗では、スピードが遅くフルード数が小さい船では、粘性抵抗が支配的となり、比較的痩せた船では摩擦抵抗が、太った船では粘性圧力抵抗も現れます。一方、スピードが速くフルード数が大きな船では、造波抵抗が大きくなり、造波抵抗の低減技術が重要となります。

要点BOX

- ●粘性抵抗は摩擦抵抗と粘性圧力抵抗から成る
- ●粘性抵抗はレイノルズ数という数で決まる
- ●レイノルズ数が同じだと同じ粘性抵抗係数となる

摩擦抵抗と粘性圧力抵抗

流体の粘性に基づく流れや力はレイノルズ数が支配

$$\text{レイノルズ数} = \frac{\text{流速}(m/s)\times\text{長さ}(m)}{\text{動粘性係数}(m^2/s)}$$

オズボーン・レイノルズ
（1842年—1912年）

レイノルズ数が同じだと、同じ渦の形となり

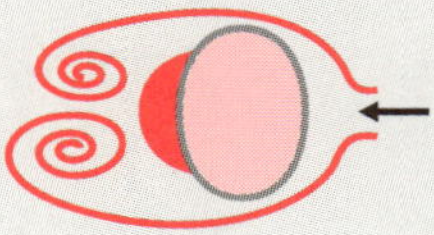

同じ粘性抵抗係数となる。

$$\text{粘性抵抗} = \frac{1}{2}\,\rho S C_d\, U^2$$

↑ 同じ!!（C_d）

境界層とは

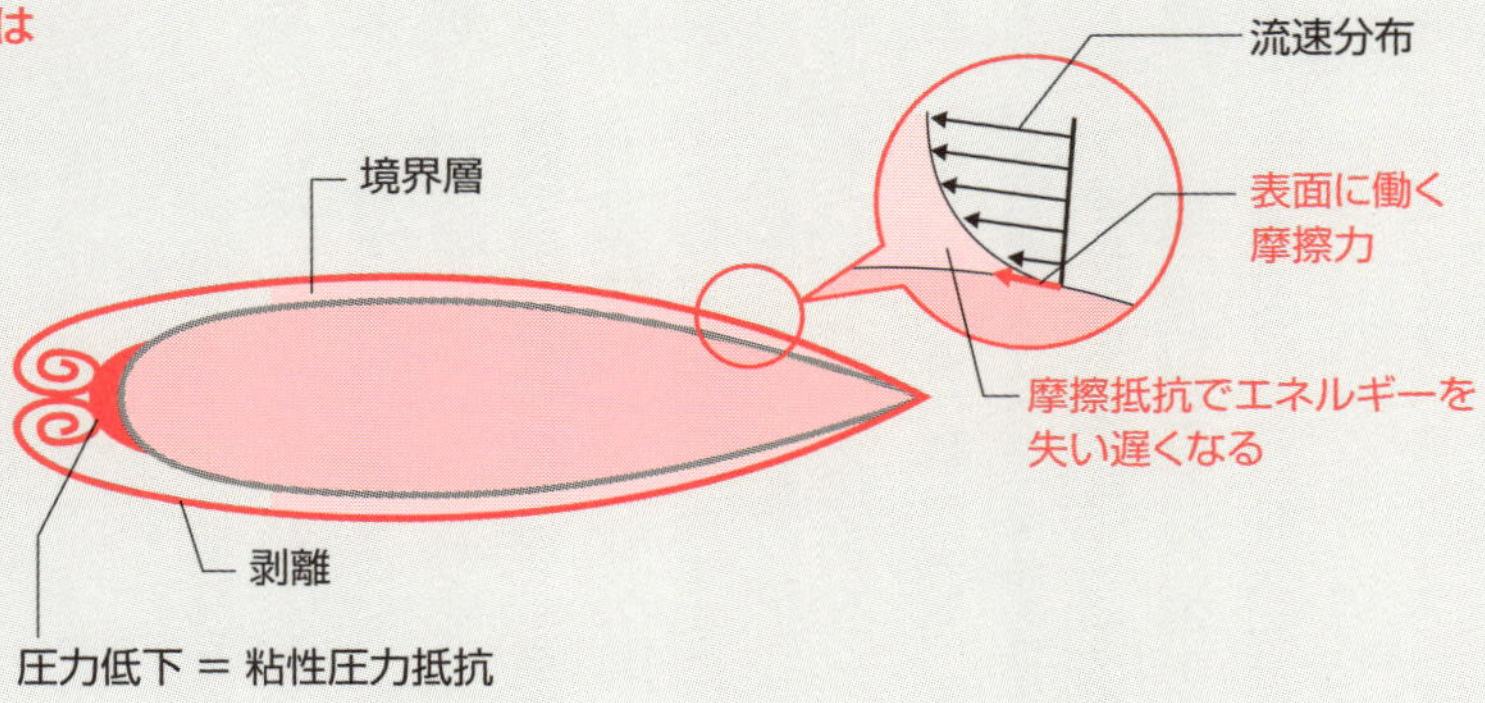

平板に働く摩擦抵抗係数

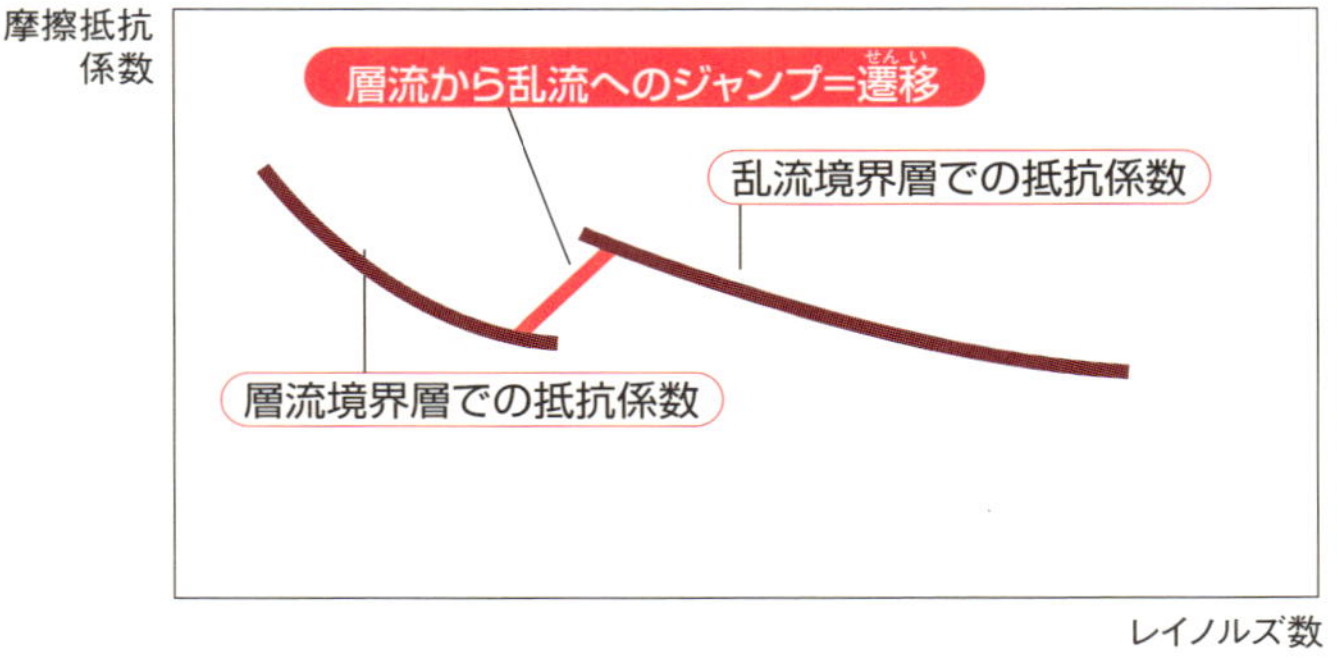

14 便利な抵抗係数や揚力係数

模型船で得られた値が実船でもそのまま使える

一般に抵抗は、次のように抵抗係数として表わすと、物体の大きさやスピードが違っても同じ値になるので便利です。造波抵抗係数は、物体の形が一緒であれば、フルード数だけの関数となり、一方、粘性抵抗係数はレイノルズ数だけの関数となり、模型船でも実物の船でも同じ値が使えるからです。

抵抗係数＝抵抗÷(1／2×流体密度×面積×流速^2)

揚力係数＝揚力÷(1／2×流体密度×面積×流速^2)

空気の中を飛ぶ飛行機には、造波抵抗がないのでレイノルズ数だけを同じにすれば、模型実験で得られた抵抗係数や揚力係数がそのまま実物の飛行機にも使えますし、車でも同じです。

ところが、船の場合にはそうはいきません。造波抵抗はフルード数、粘性抵抗はレイノルズ数に支配されていて、模型実験では、その2つを同時に合わせることができないためです。そこで、模型実験では実船とフルード数が合うようにスピードを変えて模型船を引っ張って抵抗を測ります。フルード数を合わせるには、速度に縮尺のルート(平方根)をかけます。すなわち、1／100の縮尺の模型は、実船の1／10のスピードで走らせるとフルード数が一致します。模型で測った抵抗係数から、摩擦抵抗の推定値を引くと、残りが造波抵抗係数となり、これは模型船で得られた値が実船でもそのまま使えます。一方、摩擦抵抗係数はレイノルズ数の増加と共に減少する特性をもっています。実船のレイノルズ数を使って推定した摩擦抵抗係数を、模型実験で得られた造波抵抗係数に足し合わせると、実船の抵抗を知ることができます。

摩擦抵抗の推定には、等価平板という考え方を使い、水面下の船体表面面積(浸水表面と呼びます)が等しい平板の抵抗係数で代用します。ただ、太った船では、船尾の境界層が厚くなり粘性圧力抵抗が無視できなくなります。この分については、摩擦抵抗に形状影響係数という修正係数をかけて補正をします。

要点BOX

- ●造波抵抗はフルード数に支配されている
- ●粘性抵抗はレイノルズ数に支配されている
- ●摩擦抵抗係数はレイノルズ数の増加と共に減少

船の模型実験から実船の抵抗を求める方法

$$\text{抵抗係数}(C_d) = \frac{\text{抵抗}}{\frac{1}{2}\rho S U^2} \qquad \text{揚力係数}(C_\ell) = \frac{\text{揚力}}{\frac{1}{2}\rho S U^2}$$

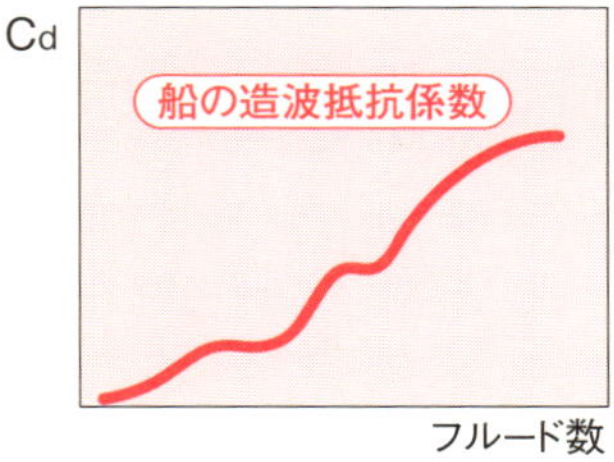

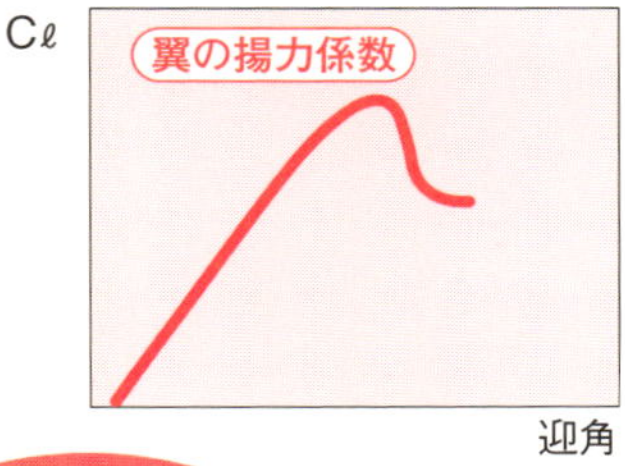

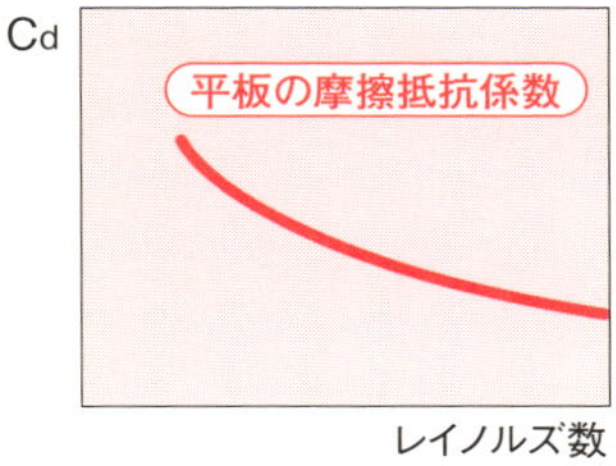

- フルード数を合わせる（$\sqrt{\text{縮尺}}$ 倍のスピードで模型を引く）
- 抵抗を計測する → 抵抗係数に直す

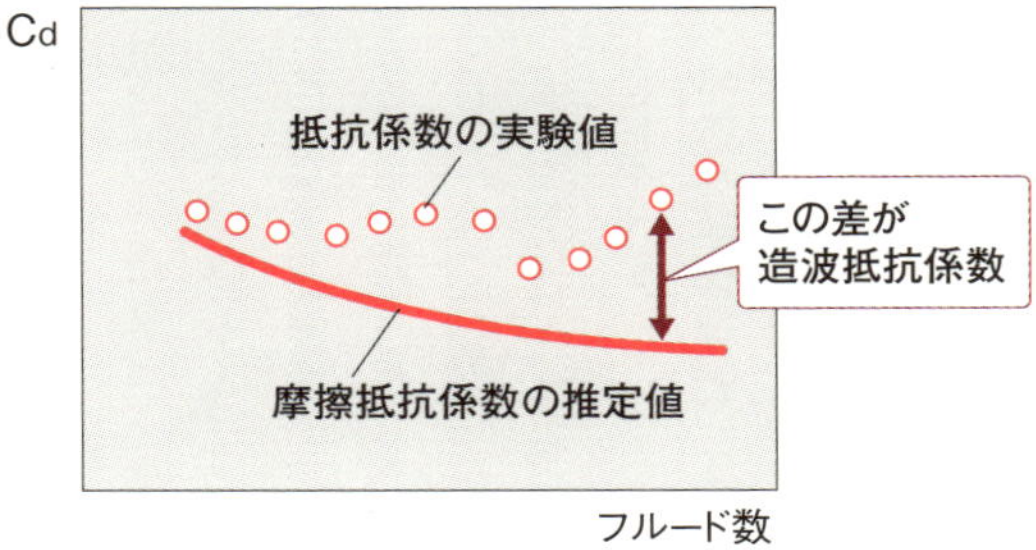

- 模型船の摩擦抵抗を推定する
- 計測された抵抗係数から摩擦抵抗係数を差し引くと、造波抵抗係数が得られる
- 造波抵抗係数に、実船の摩擦抵抗の推定値を加えると、実船の抵抗が得られる

15 コンピュータが明かす複雑な流れ

流体の動きや流線なども視覚的にとらえられる

液体や気体は「流体」と呼ばれ、流れる流動体です。この流れを扱う学問が流体力学で、その流体の動きを支配しているのがナビエ・ストークス方程式（ＮＳ方程式）です。２００年近く前にナビエとストークスという２人の科学者が導き出しており、この方程式が解ければ、あらゆる流れが計算できます。しかし、この非線形の偏微分方程式を解くことは容易ではありませんでした。粘性の影響や非線形性を除いた近似的方程式をようやく解くことができるという状態が長く続きました。この近似的な方法で、水面の波の問題などがかろうじて解くことができ、船の造波抵抗や波中の船体運動の解析に使われてきました。

それがコンピュータの能力の急速な向上によって、解くことができるようになりました。非線形な波、流れの剥離、複雑な渦の動きなどが計算で求まり、船舶の性能向上などに活用されるようになっています。このコンピュータを使ってナビエ・ストークス方程式を計算するのがCFD（Computational Fluid Dynamics）と呼ばれる方法です。まだ、船舶の周りの詳細な流れを計算するには、数時間から数日かかったりしていますが、その計算速度はどんどん速くなっています。

計算では、まず、船体の周りの流体を非常に小さな要素（メッシュ）に分割します。筆者の研究室では、小さなＰＣを使っているので、２００〜５００万メッシュまでしか分割していませんが、造船所などではもっと詳細なメッシュにして計算をしています。

ＣＦＤを使うと、船の抵抗、推進、船体運動、風などにかかわる流体を計算することができ、実験では力だけの計測がほとんどですが、測ることが大変な圧力分布や、流体の中の水粒子の動きや流線なども視覚的にとらえることが可能です。

このように船の周りの流体がＣＦＤによって視覚的にもわかるようになり、船型改良にも多用されるようになっています。

要点BOX

- 液体や気体は流れる流動体
- 流動体の流れはNS方程式で表される
- NS方程式をコンピュータで解くCFD

CFDによる風圧力の計算

(1)超大型コンテナ船の形状をコンピュータ入力

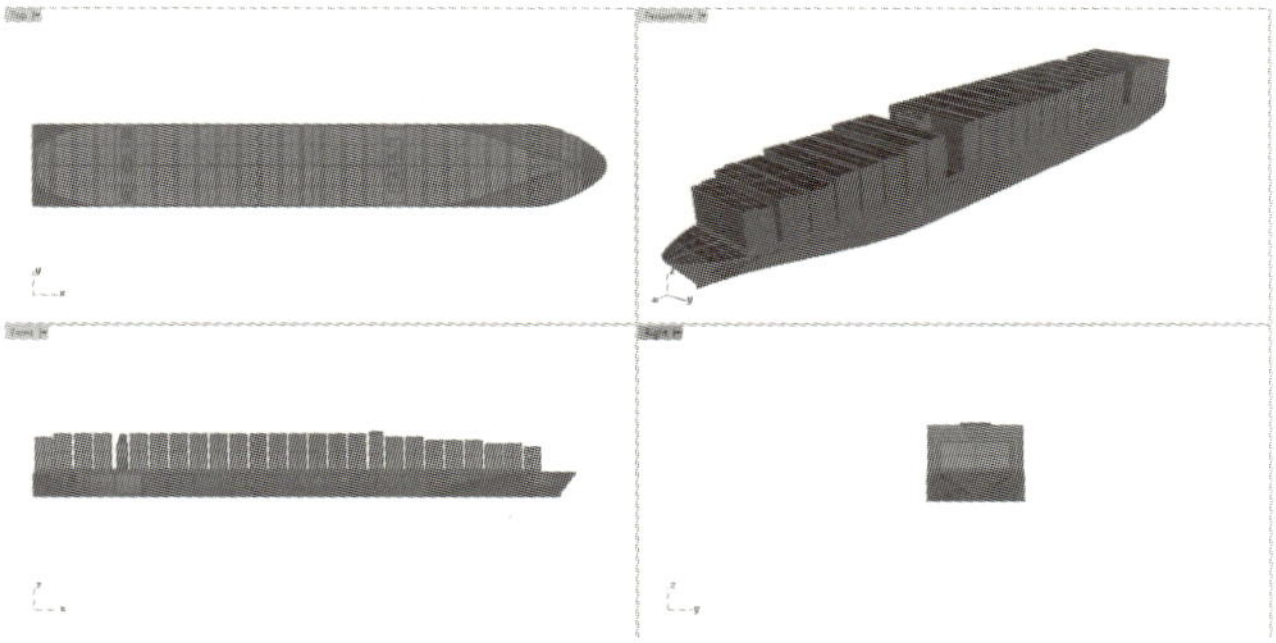

(2)船の周りの流動体を小さなメッシュに分割

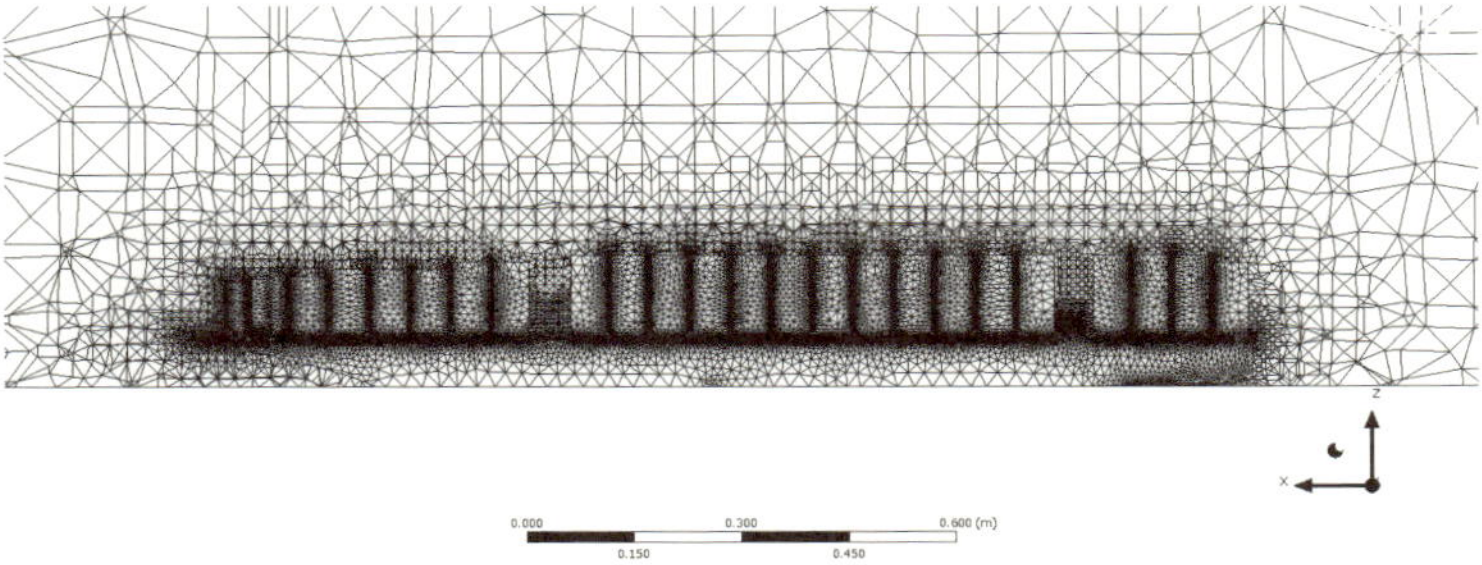

(3)NS方程式を解いて風の流れを計算する

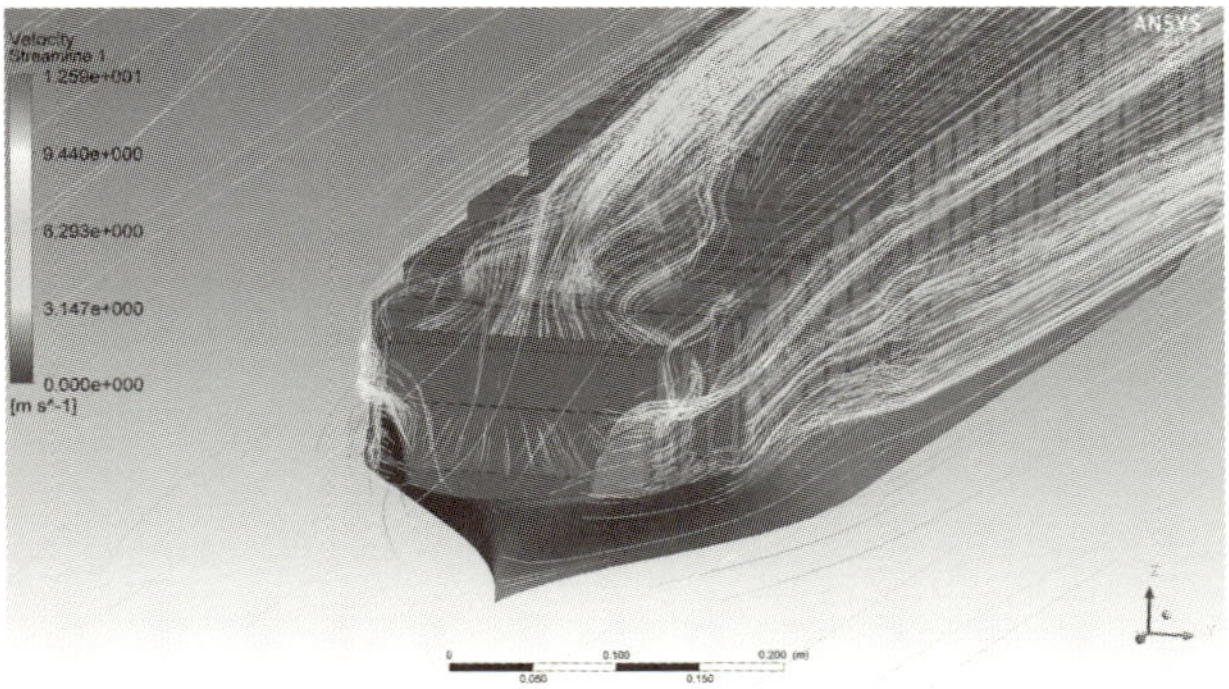

「(大阪府立大学のチィヨ・バン・ウェン博士によるCFD計算)」

16 波の中での抵抗増加

波の中でどのくらい速力が落ちる?

実際に船が走る海には波があり、この波によって船に働く抵抗が増加します。この増加量を「波浪中抵抗増加」といいます。特に、波を前方から受けると、この抵抗増加が大きくなり、船のスピードが落ちます。このためスケジュールを守るために、船のエンジンには余裕をもたせており、これを「シーマージン」と呼びます。15%程度のシーマージンをもたせるのが普通ですが、高速船などでは船速低下を正確に見積もって、合理的なシーマージンを設定している船もあります。

どのような波の中で、どのくらい速力が落ちるのかを知るためには、波によって船に働く抵抗の増加量を知ることが必要となります。

この波浪中抵抗増加には、いくつかの成分があります。まず、波の波長に比べて船の長さが短い場合には、船は大きく縦揺れと上下揺れをします。この時には、船体運動によってつくられる波によってエネルギーが失われて、それが抵抗になります。この場合には、船体運動を減らすと抵抗増加が減ります。

一方、波の波長に比べて船の方がかなり長い場合には、船体はほとんど揺れず、船首に当たった波が前方に反射されることによる抵抗の増加や、船首に当たった波がスプレー状になって砕けることによる抵抗の増加が中心となります。この場合には、波が当たる船首を鋭くして反射波を前方に跳ね返さないようにしたり、スプレーが上がりにくい船首形状にしたり、または付加物を付けたりすると、抵抗増加を減らすことができます。

波による抵抗増加は、正面前方から波を受ける時がもっとも大きく、また波の波長が船長と同じくらいになると船体運動の増加に伴ってもっとも大きくなります。また波の高さのほぼ2乗に比例して大きくなります。巨大船でも油断はできません。船体はほとんど揺れないのに抵抗が大きくなってスピードが落ちることがあるからです。

要点BOX

- 波による抵抗増加が船速低下を生む
- 長い波では船体運動が抵抗増加を生む
- 短い波では、船首での反射やスプレーが重要

大荒れの海の中を進む船

波長が船長よりも長い波の中では?

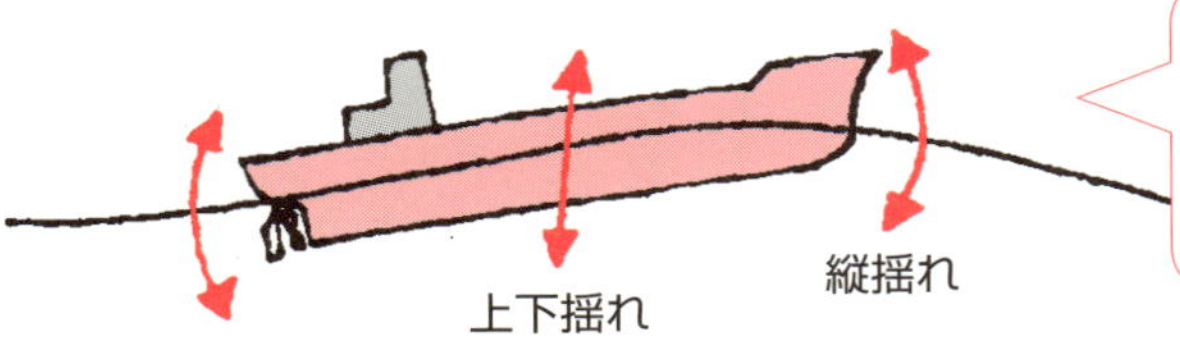

船は大きく縦揺れや上下揺れをして波をつくる
↓
これが抵抗増加をまねく

波長が船長より十分短いと?

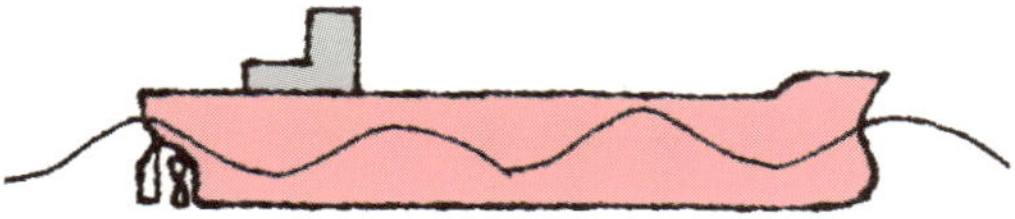

船首にぶつかった波が反射されたり、崩れたりして、抵抗増加を発生（船体はほとんど運動しない!!）

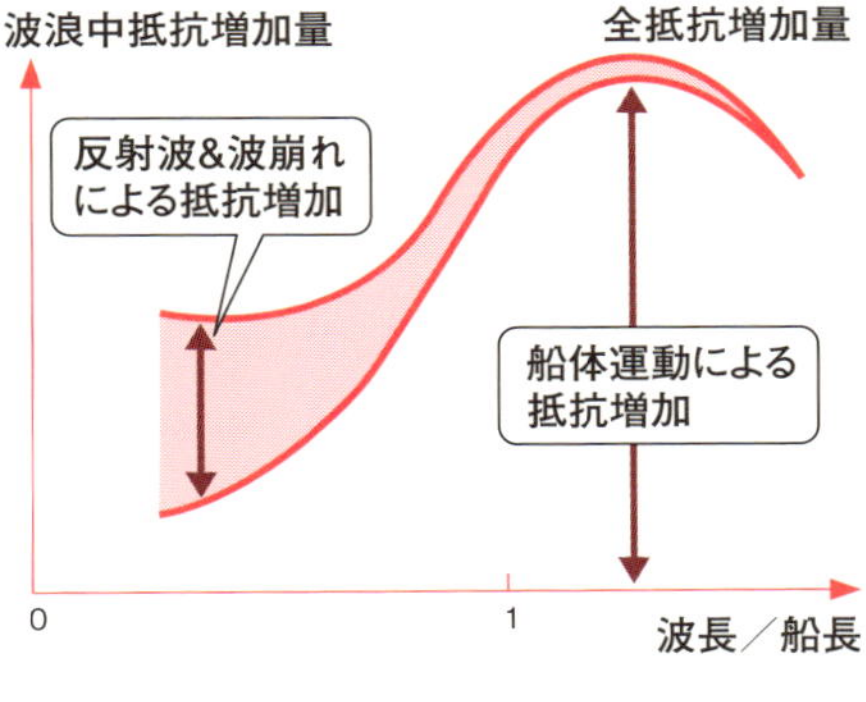

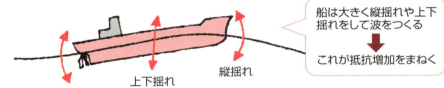

17 水面上の船体が大きい船の空気抵抗

風も抵抗を増加させる

空気の密度は水の800分の1なので、水面上にある船体に働く空気抵抗は、水面下の船体に働く抵抗に比べると非常に小さいのが普通です。

しかし、体積の割に軽いものを運ぶ船では、水面下の船体の割に、水面上船体の方が大きい場合もあります。その典型がクルーズ客船で、自動車運搬船、チップ運搬船なども同じような船型をしています。また、最近のコンテナ船では、船内だけでなく、デッキの上にも山のようなコンテナを積載しており、水面上の船体が相対的に大きくなってきています。

風も空気抵抗を増加させます。風速10mの風は、ノットに直すと20ノットとなり、この風を20ノットで進む船が正面から受けると、相対的には船は40ノットの風を受けることになります。風圧抵抗は、相対流速の2乗に比例するので、空気抵抗は風によって4倍に増加することになります。

このように水面上の船体が大きい船では、空気抵抗が5～10%程度を占める場合もあり、その抵抗軽減が省エネにつながります。

風の影響は、水面上の船体に働く風圧抵抗だけに限りません。横から風を受ける場合でも、抵抗増加が発生します。それは、横風が船体を横に漂流させると、水面下船体に斜めに入る相対的な流れが発生して、この斜航状態によって船体には揚力が発生し、それに伴って回頭モーメントと共に、船体抵抗（いわゆる誘導抵抗）が働くためです。この回頭モーメントについては、舵を切って反対回転方向のモーメントを発生させて相殺させて、船は真っ直ぐ走ることができます。この当て舵によって、舵に抵抗が働き、これも抵抗増加となります。

こうした横風による斜航による影響は、海面上の船体が大きく、かつ喫水の浅い大型クルーズ客船、PCC（Pure Car Carrier＝自動車専用船）、コンテナ船などで顕著となります。

要点BOX

●風圧抵抗は相対風速の2乗に比例する
●空気抵抗が10～20%程度を占める場合もある
●横風による横流れも抵抗増加を誘発する

抵抗の種類

水抵抗 ＝ 造波抵抗 ＋ 摩擦抵抗 ＋ 粘性圧力抵抗

横風でも抵抗増加が発生するわけ!!

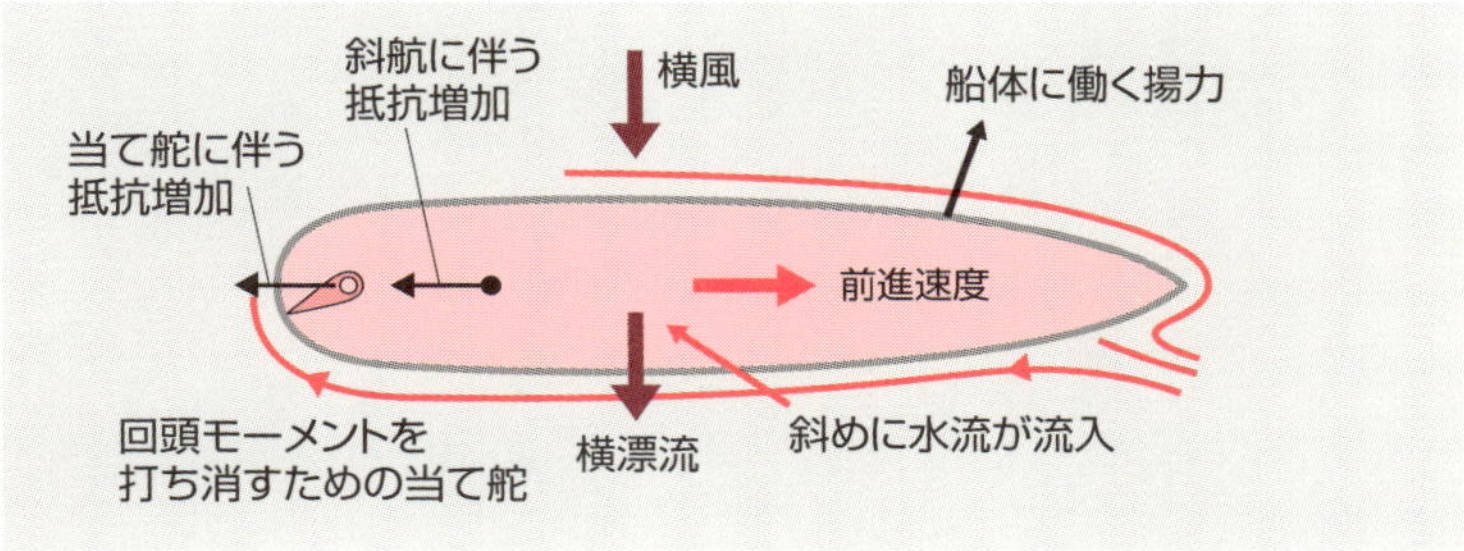

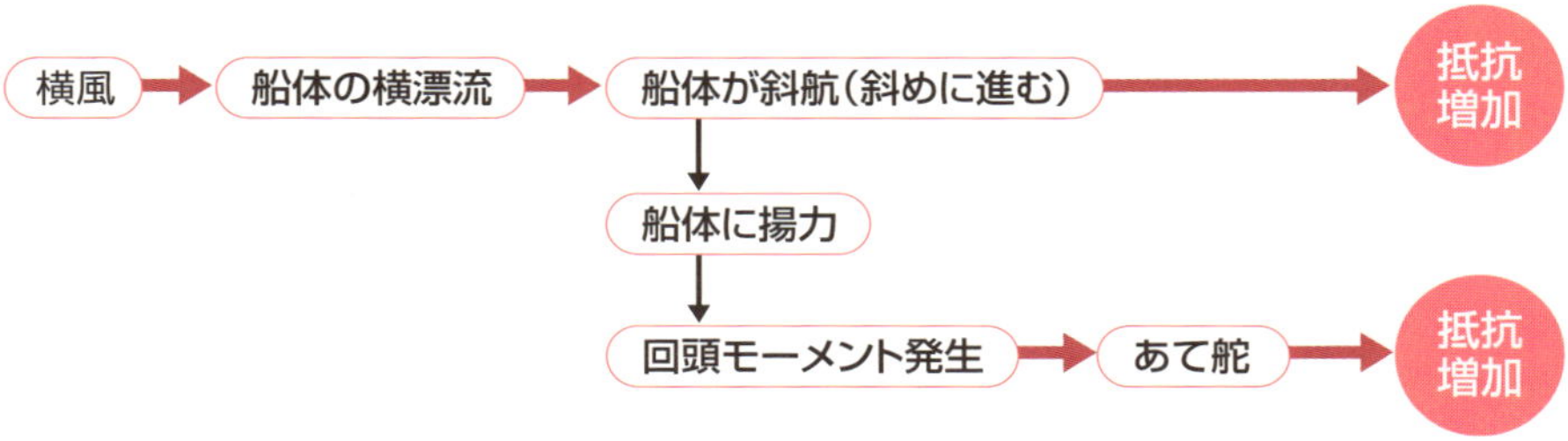

18 旋回と直進

舵の大切な2つの役割

船の針路を変えるのが舵です。一般に船尾につけられた舵を舵軸の周りに回転させると、舵は流れに対して傾くことによって、船の長さ方向とは直角方向に揚力が働き、これが船を回頭させるモーメントとなります。これを「舵を切る」といいます。

舵を切ると、船は回転し始めます。そうすると船体へは流れが斜めに当たることになり、船体は、舵を切った時の舵と同様に、流れに対して「迎角《むかえかく》」をもつ状態になり、船体に横向きの流れの揚力が働きます。この揚力の作用点は、船首からの距離が、船長の30％程度の所にあるため、船体に働く揚力は、船体をさらに回転させる方向に作用します。こうして比較的小さな舵でも、大きな船体の針路を変えることができるのです。

舵には、もう1つ大事な役割があります。それは船が真っ直ぐに進む時にも舵が必要となることです。もちろん、船は真っ直ぐに進むように左右対称に造られていますが、風、波、潮流などの影響で、実際の海ではなかなか真っ直ぐには進めません。そこで舵が船を真っ直ぐに走らせるように、常に舵を切って微調整する必要があるのです。これを「当て舵」といいます。

舵は、自動車や航空機と同じく操縦席のハンドルを回転させて操作します。昔は、操作する力を直接使って舵を回転させていましたが、今では油圧または電気信号を、舵を回転させる機械（舵取機）に送って遠隔操作で舵を切ります。舵取機は、船尾の舵の真上に設置され、船を操船するブリッジにある操舵機の指令が電気信号として舵取機に伝えられて、舵は回転します。操舵機には車と同じようなハンドルがありますが、最近は小さなジョイスティックになっている船もあります。さらに、広い海域にでるとオートパイロット、すなわち自動操舵装置を使います。これは、設定した針路に常に進むように舵を自動的に切って、常に針路を一定に維持します。

要点BOX

- 舵を切ると揚力で船は回転し始める
- 船体にも揚力が働き、さらに回頭させる
- 船が真っ直ぐに進む時にも舵が必要

船をまげる舵と船体の揚力

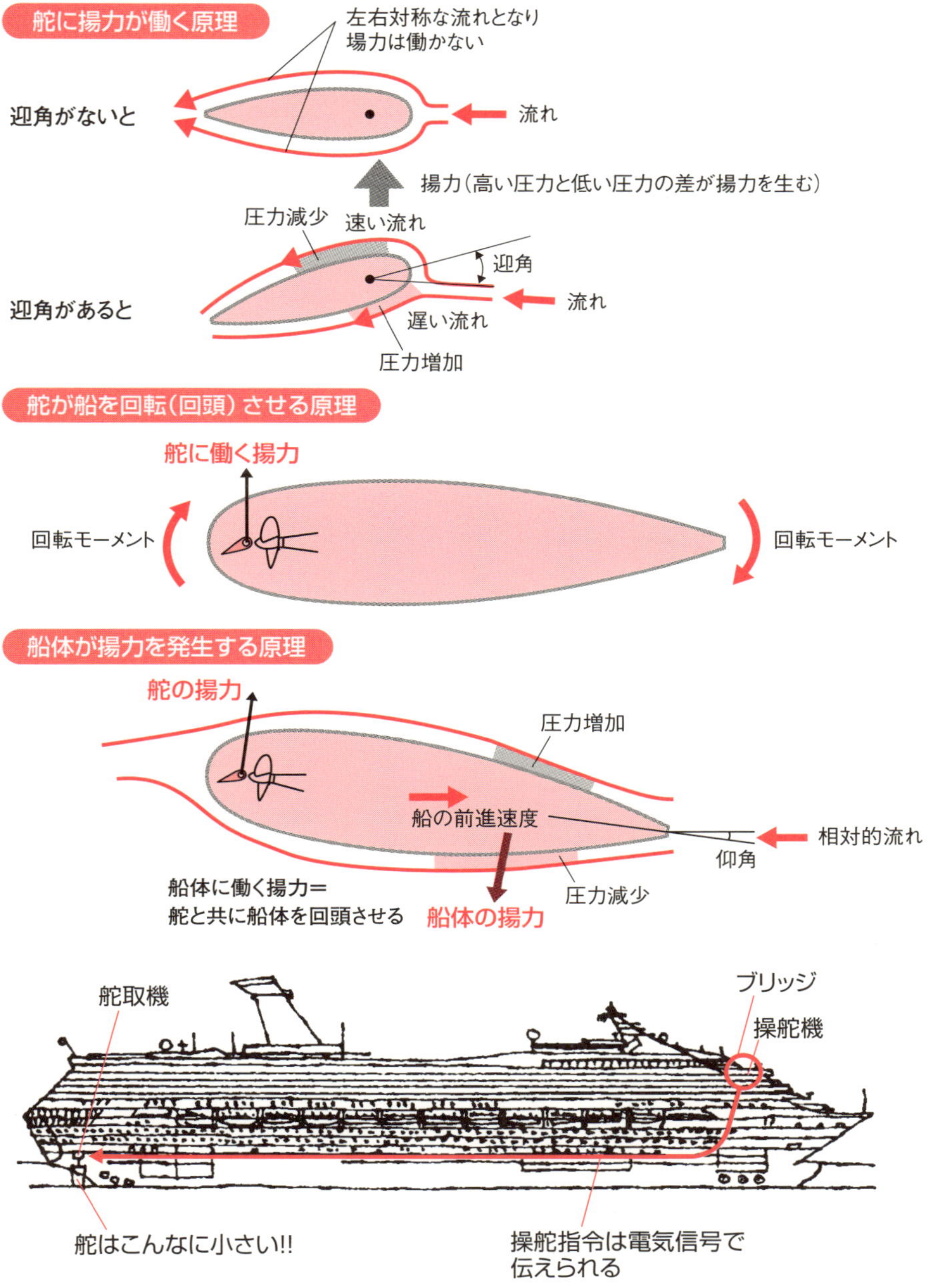

19 舵の効きを良くする工夫

プロペラの流れが舵効きを良くする

舵の能力を大きく高めているのが、船を推進させるプロペラです。プロペラのすぐ後ろには、非常に速い水流が発生します。

舵に働く揚力は、流れのスピードの2乗に比例します。すなわち、流れが2倍のスピードだと、揚力は4倍になるのです。したがって、プロペラの後ろの、速い流れの中に舵を置くと、揚力を大きくすることができます。このため、ほとんどの船では船尾のプロペラの背後に舵を配置しています。船が停止状態から動き始めの時には、まだ船が前進していないので舵に入る流れがなく、舵が効きませんが、プロペラを回すと水流が発生し、舵に揚力を働かせることができ、船を回転させることができます。

舵は、約35°以上の迎角になると突然揚力が減少します。この現象は「失速」と呼ばれ、あらゆる翼に共通する特性です。原因は、迎角が大きくなると、翼の背後を翼面に沿って流体が流れることができなくなって剥離してしまうことにあります。したがって、ほとんどの船の舵は、35°以上は切れないようになっています。

この限界を超える高揚力舵が開発されています。フラップ舵、シーリング舵、ウェッジ舵などです。

フラップ舵は、飛行機の翼と同様に、翼の後端にフラップと呼ばれる可動部分を設けて、揚力を大きくしています。舵本体は失速が起こらない迎角までに回転角を留め、舵端をさらに折り曲げることで、見かけ上の迎角を大きくする効果があります。

シーリング舵は、舵の後端が魚の鰭《ひれ》のようになっている舵断面となっていて、フィッシュテール型とも呼ばれています。

またウェッジテール舵は、舵の後端に三角形の端板を取り付けています。

いずれの舵も、舵の後方部分に高い圧力を発生させて、揚力を増させています。

要点BOX

- ●プロペラのすぐ後ろには非常に速い水流が発生
- ●舵は約35°以上の迎角になると突然揚力が減少
- ●高揚力を出す特殊な舵もある

舵がプロペラの後ろにある理由

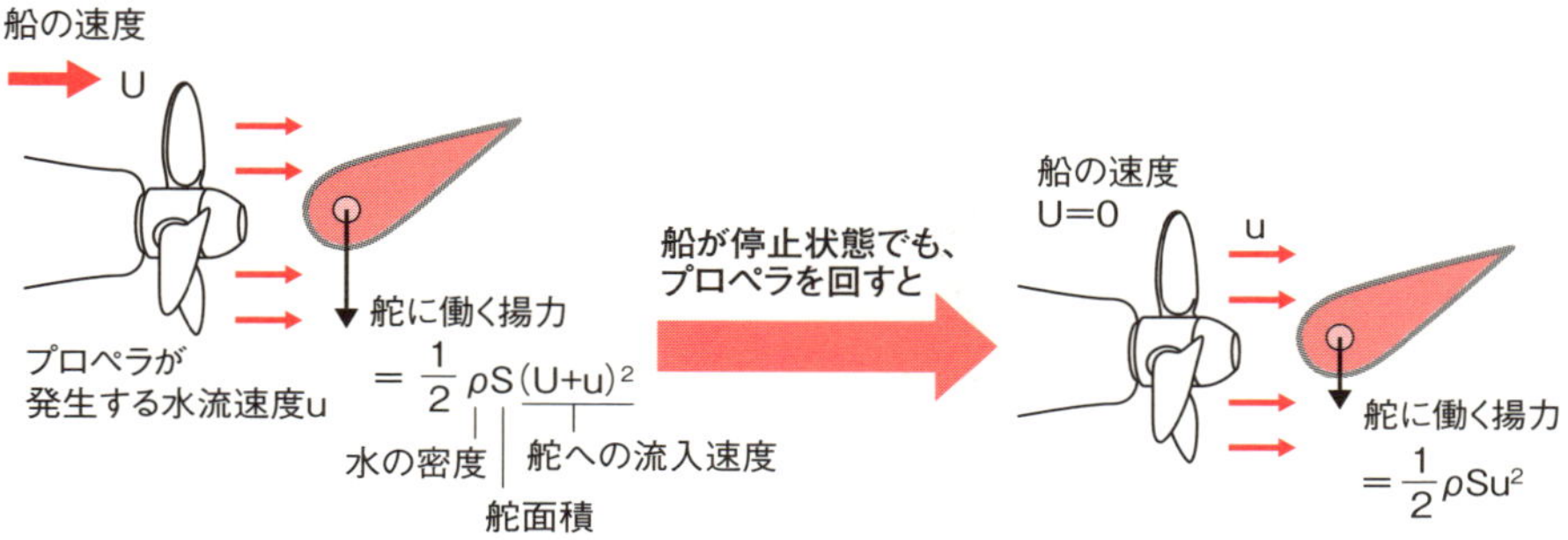

舵の失速

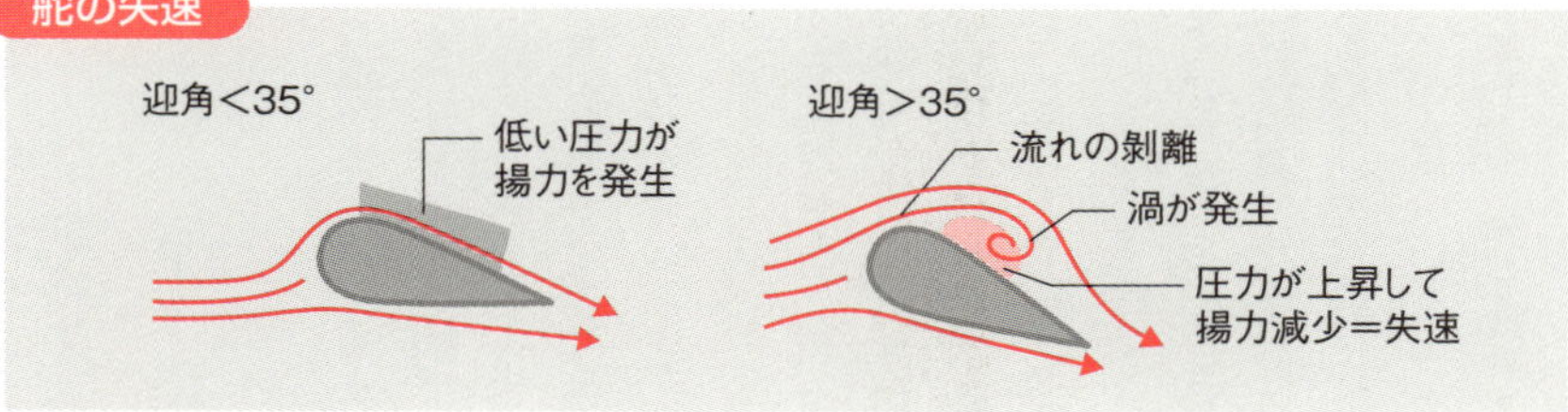

高揚力の舵

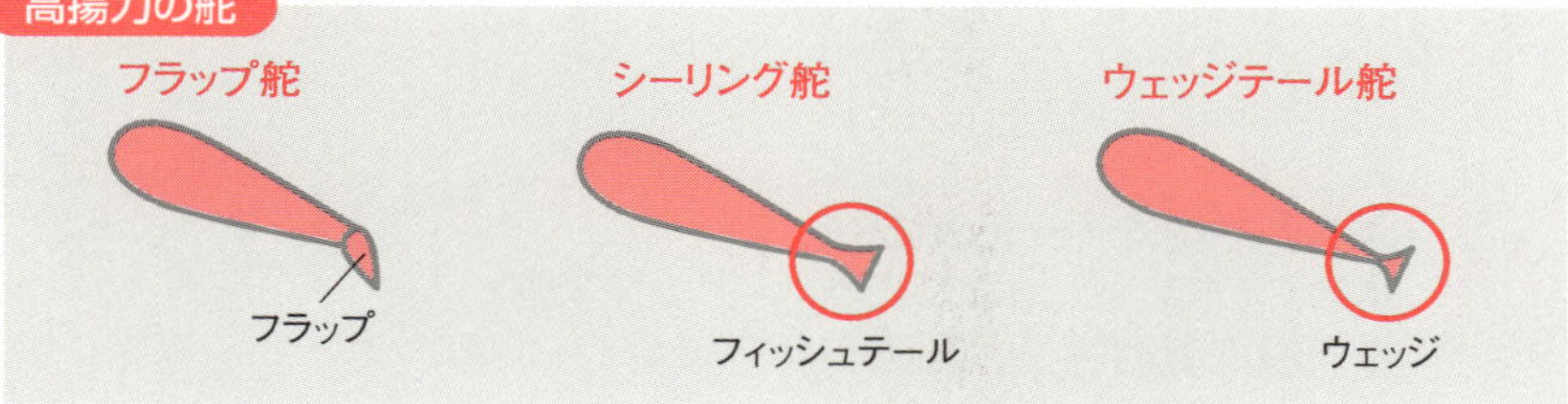

20 旋回性能と針路安定性

曲がるだけでなく真っ直ぐに航行できるのも舵のおかげ

船が完成すると洋上で操縦性の試験が行われ、その性能が国際規則や国内規則を満足しているかどうかを検査します。まず、舵を切った時にどれだけ急に回れるかの能力は、旋回試験で調べます。一定速度で真っ直ぐに走っている状態で、舵を最大限に切って船を急旋回させ、船の軌跡と方位を計測して、旋回する円形軌跡の直径を測ります。この結果は船を操船するブリッジに掲示して、操船する船員が、いつでも、この船が緊急時にどのくらいの円を描いて回れるか、すなわちUターンに必要な海域の広さを知ることができます。

急旋回時には、船が大きく傾きます。一般的な大型船では、最初に舵を切った方に傾く内方傾斜をして、旋回が進むとその反対の外方傾斜となります。この傾く角度は、復原力に関係していて、復原力の小さな船は大きく傾きます。特に外方傾斜の場合には、船内にいる人や荷物には、重力による滑り落ちる力と同時に、遠心力が加わるため、人が落水したり、荷崩れを誘発したりしますのでとても危険です。

さて、船にとって曲がる能力も大事ですが、同時に真っ直ぐ航行できる能力も大事です。これを「針路安定性」と呼びます。この能力が十分にあるかは、Z試験という試験を行って確かめます。Z試験のZは、ジグザクの意味で、舵を左右に繰り返し切って、船を蛇行させて船の航跡を記録し、その船の反応を判定します。舵を切ってから、船体が回りだし、舵を戻してから反対に切ってからも、船はすぐには反応せずにそのまま回頭を続けます。この量をオーバーシュート量といい、大きすぎると反応が良くないことになります。

一般的に、旋回性能と針路安定性（保針性）は両立しません。すばやく回れる船は、安定的に針路を保持することが苦手です。このため、いかにこの相反する2つの操縦性能のバランスをとって舵を設計するかが、造船技術者の腕の見せ所となります。

要点BOX

- ●旋回性能を測る旋回試験
- ●針路安定性を測るZ試験（ジグザグ試験）
- ●一般に旋回性能と針路安定性は両立しない

旋回試験の結果

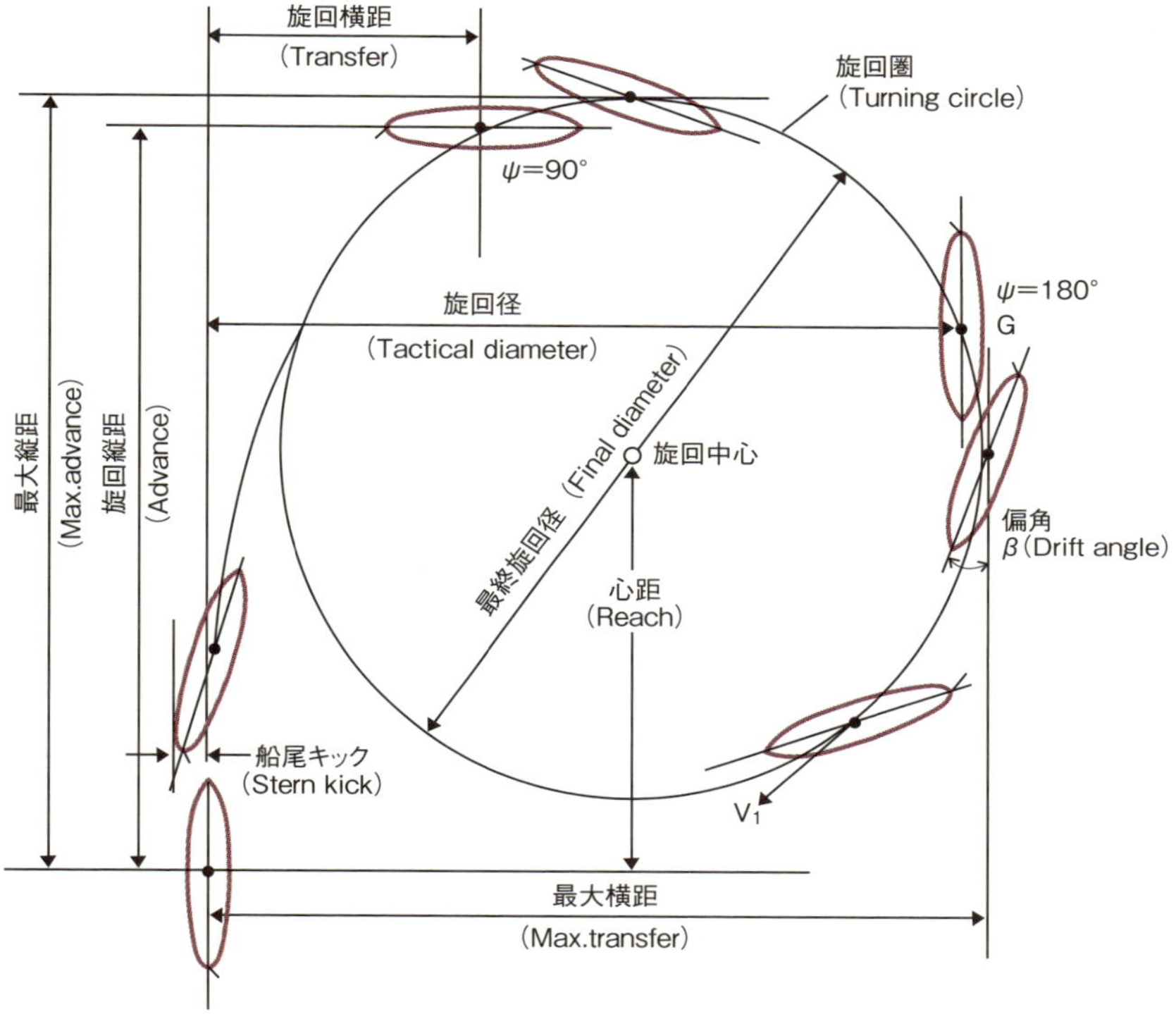

Z(ジグザグ)試験の結果

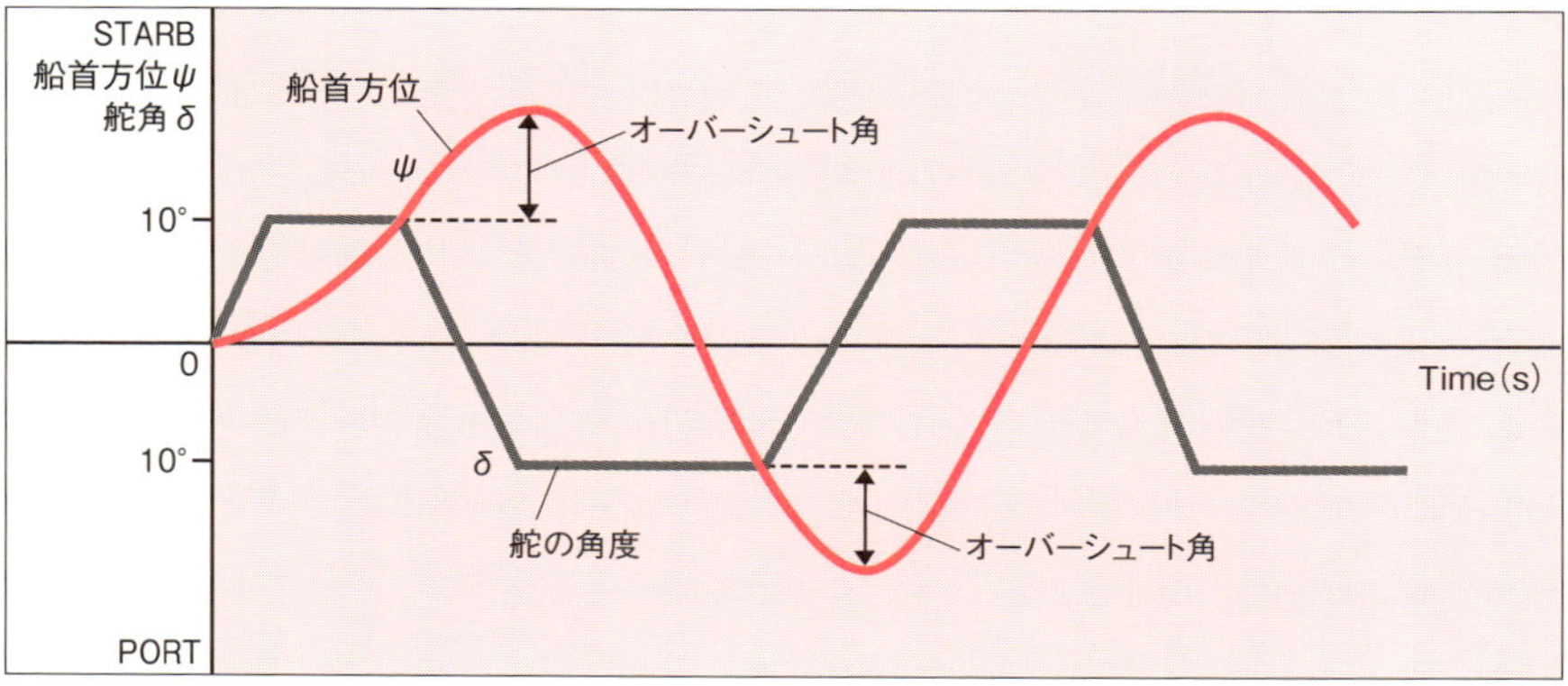

21 怖い横揺れの同調

同調横揺れで転覆するケースも

船が航行する海では、ほとんどの場合に波があります。この波によって船は運動しますが、これを「船体運動」といいます。

なかでも怖いのが横揺れです。なぜなら、非常に大きくなると転覆にまでいたるからです。横揺れとは、左右の舷が交互に上下する回転運動です。この横揺れ運動は、船の固有周期と、外力としての波の周期が一致すると、非常に大きな運動に発達します。この現象を「同調横揺れ」といいます。横揺れの固有周期とは、外力がなくても自然に揺れる周期のことで、復原力と密接に関係しており、復原力が大きければ短く、小さければ長くなります。

大きな同調横揺れを小さくするには、いくつかの方法があります。まず、船の固有周期を、波の周期と合わせないようにする方法があります。波の周期は、5～10秒くらいがもっともエネルギーが大きいので、固有周期を10秒よりもずっと長くするとなかなか同調が起こらなくなります。

また、横揺れをさせる外力は、おおよそ復原力に比例するので、復原力を小さくすると外力が小さくなって同調横揺れは小さくなります。しかし、復原力が小さいと転覆もしやすくなるので要注意です。

もっとも一般的な方法が、横揺れ減衰力と呼ばれる抵抗力を大きくすることです。これを増やすもっとも簡単な装置がビルジキールと呼ばれる装置で、船底のビルジ部と呼ばれるところに前後に細長い板を取り付けて、横揺れをする時に大きな渦を発生させて抵抗を得ます。これで40～60%も同調横揺れを低減することができるため、ほとんどすべての船に取り付けられています。

ビルジ部に飛行機の翼のような形状のフィンを取り付け、横揺れ速度に合わせて回転させて迎角をもたせて、揚力を発生させて同調横揺れを止めるのがフィンスタビライザーです。

要点BOX

- 同調では、固有周期と波の周期が一致
- 横揺れの固有周期は復原力と密接な関係
- 横揺れを減衰させるビルジキール装置

同調横揺れとは

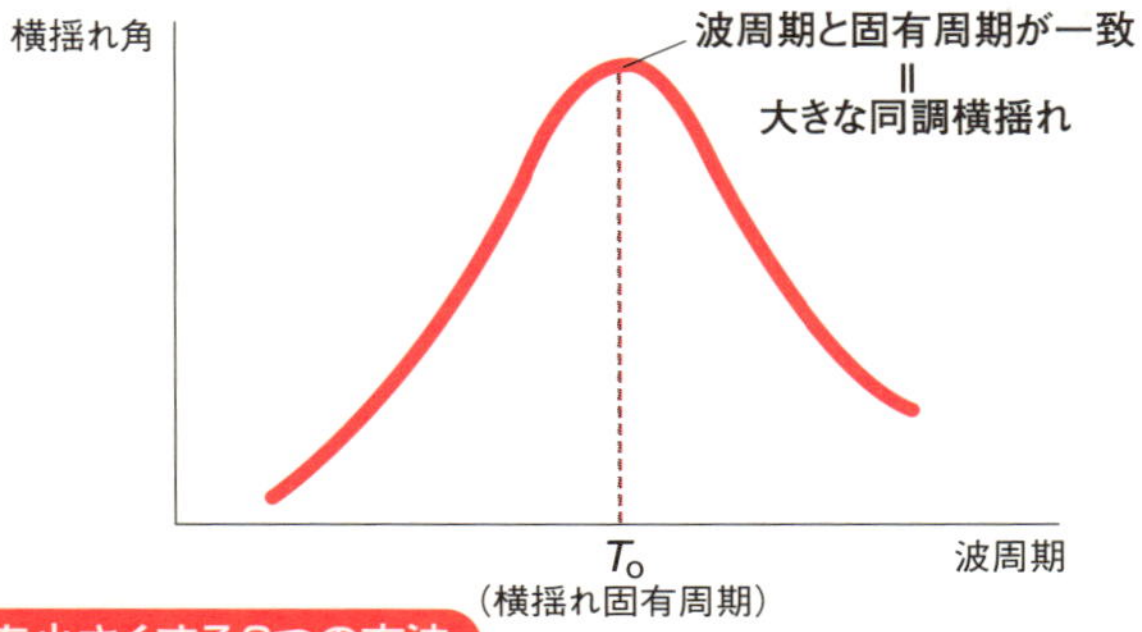

同調横揺れを小さくする3つの方法

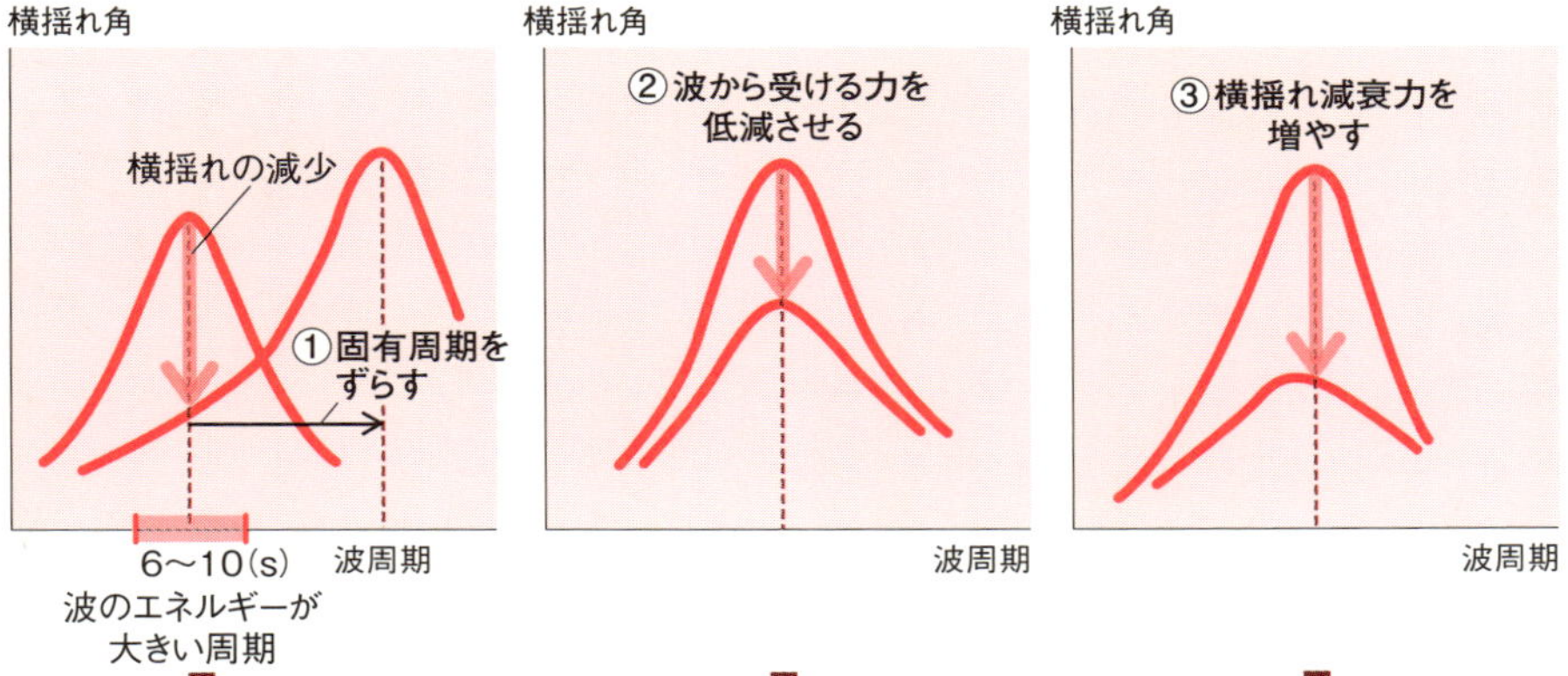

対策
復原力を小さくするか
慣性モーメントを
大きくする

対策
復原力を小さくする
（半没水型船型
ジェットフォイル）

対策
ビルジキール
フィンスタビライザー
アンチローリングタンク

横揺れ減衰力を増やす方法

ビルジキール効果の原理

停止時・航走時共に効果

フィンスタビライザー

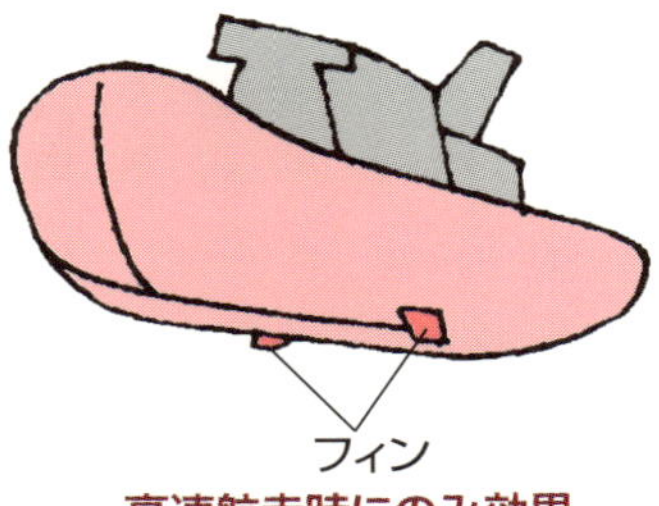

高速航走時にのみ効果

22 6自由度の運動とは？

波の中で船は6方向に運動をする

21項では、波の中の船体運動の中でももっとも危険な横揺れについて学びましたが、波の中で船はいろいろな方向の運動をします。その方向が6つあることから「6自由度の運動」と呼ばれ、横揺れもその1つです。

どのような運動をするかは、波が来る方向で決まります。船の横から波がくるのが横波で、船は横揺れをすると共に、上下、左右方向にも運動して、それぞれ左右揺れ、上下揺れと呼ばれます。

船の前方から波が来るのが向波《むかいなみ》で、この時には船は、船体中央を中心軸として回転して、船首と船尾を交互に上げる「縦揺れ」という運動をします。と同時に、船体は上下揺れと、さらに前進方向に周期的に運動する前後揺れもします。船の後方から波を受ける追波《おいなみ》でも、船体運動は基本的に向波中と同じです。ただし、船が走っている時には、船に波が当たる周期が船のスピードによって違ってきます。これは音波のドップラー効果と同じで、同じ周期の海上の波でも、向波では波と出会う周期が短くなり、追波では長くなります。この船が実際に波から受ける力の周期を「出会い周期」といいます。波の中を進む船は、この出会い周期で揺れ、船のもつ固有周期が出会い周期と一致すると、同調して大きく揺れます。

波の来る角度が斜めの場合、船体は縦揺れ、横揺れ、前後揺れ、左右揺れ、上下揺れに加えて、船首を左右方向に回転させる船首揺れもして、6自由度のすべての運動をすることになります。この6つの自由度の運動は、お互いに影響しあうため、実際の波の中での船体運動はたいへん複雑なものとなりますが、いまではコンピュータを使って理論的に計算ができます。このため、船の基本設計段階で波浪中での船体運動を計算して、十分な大きさのビルジキールの決定や、フィンスタビライザーの必要性などを検討しています。

要点BOX

- ●横揺れも6自由度の運動の1つ
- ●どの運動をするかは波が来る方向次第
- ●6つの自由度をもつ運動はお互いに影響し合う

波向きによって変わる船体運動

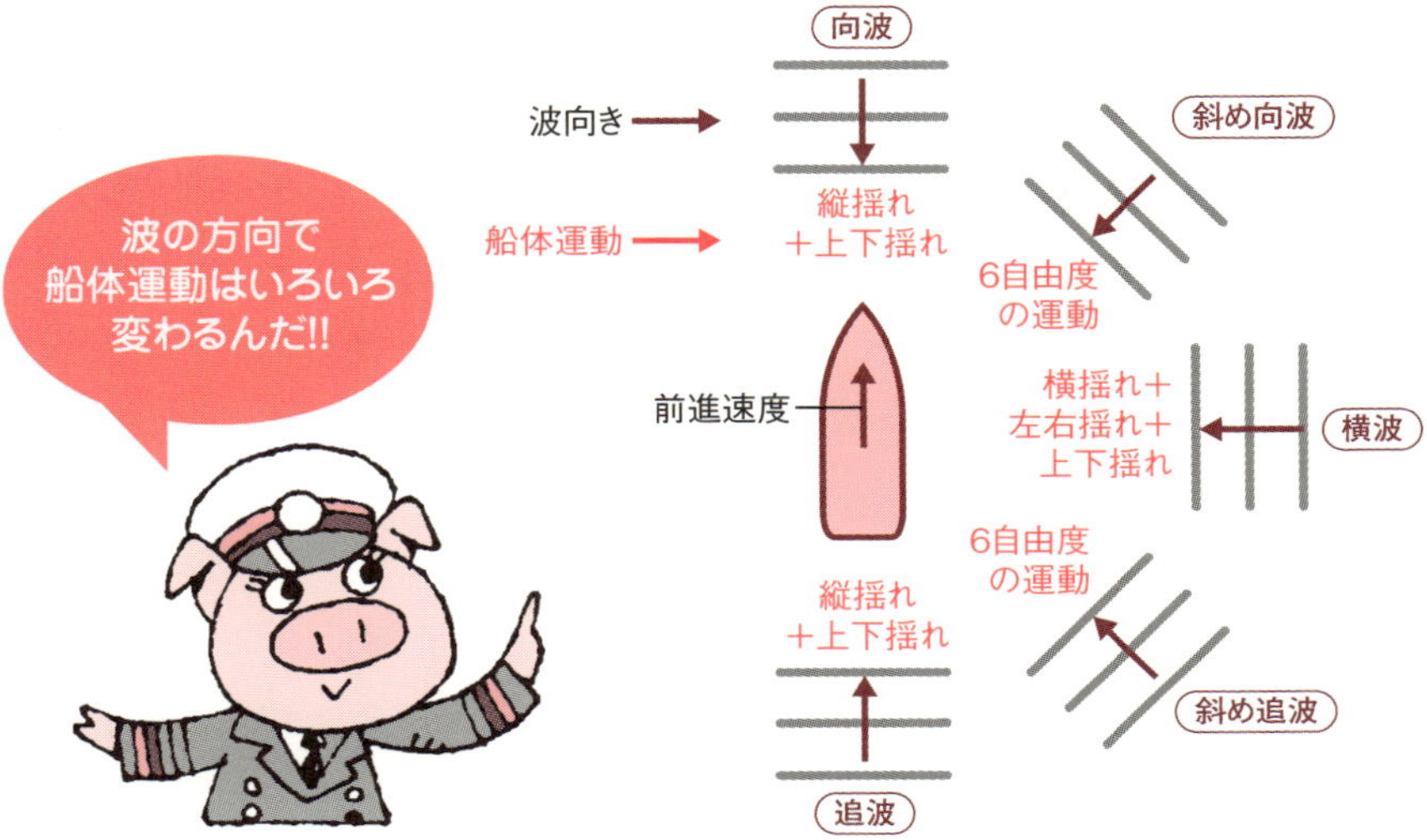

6自由度の船体運動

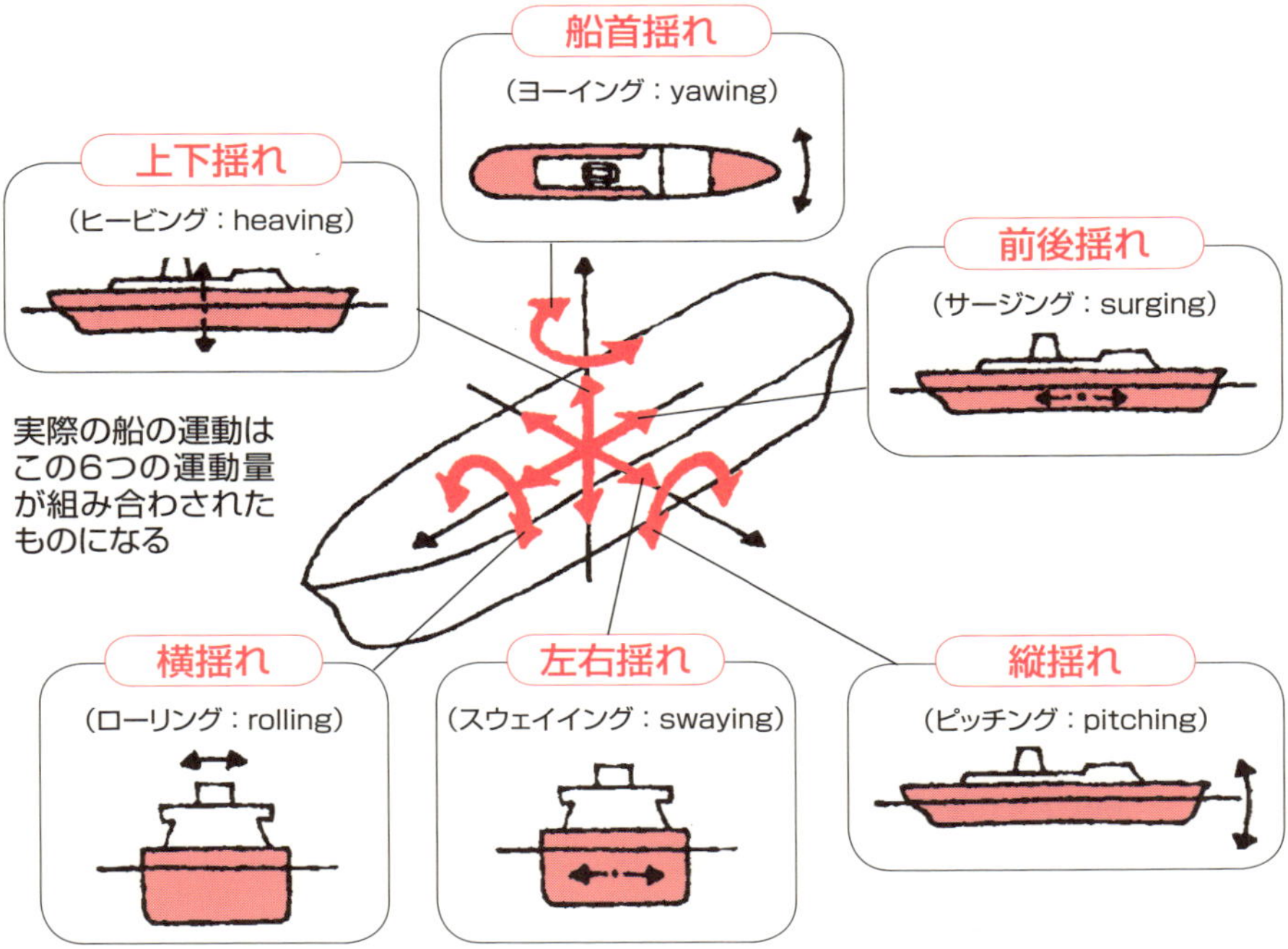

23 波と船の運動の関係

船を揺らす波の特性

船の運動を知るためには、船を揺らす波の特性を知っておく必要があります。波は水深にも関係しますが、ここでは水深は十分深いとして説明をしていきます。

まず、波の山を波頂《はちょう》、谷を波底《はてい》といいます。この波頂から波底までの鉛直距離が波高《はこう》で、天気予報での「波の高さ」はこれにあたります。また波頂から隣の波頂までの水平距離が「波長《はちょう》」です。この波長には、周期との間に密接な関係があります。それは、波長は、波周期の2乗の1・56倍という関係です。また、波長を周期で割ると波の進行速度となるので、波は波周期の1・56倍の速度で進むことになります。たとえば、10秒の周期の波は、約150mの波長となり、その進行速度は15m／s、すなわち時速54kmとなります。周期のもっと長い津波は、ジェット機並みのスピードで海を渡ります。

怖い同調は、船体のもつ固有周期と波の周期が一致すると起こるので、どの程度の波長の波の中で同調するかを知ることができます。また、縦揺れと上下揺れは、波の波長と、船の長さとの比に大きな影響を受けます。

船の長さに比べて、波長が非常に短いと、船を揺らす力が平均されてなくなり、ほとんど上下揺れも縦揺れもしなくなります。

船の長さと波長が同じくらいになると、船を揺らす力が非常に大きくなります。

波長の方が船よりも長くなると、縦揺れは小さくなり、上下揺れは波の上下変位とほとんど同じとなり、船は長い波に乗ってゆったりと上下に揺れるだけになります。

日本近海の波の波長は150m程度までといわれているので、300m以上の船はあまり揺れません。筆者が乗った311mのクルーズ客船が、高知沖で台風と遭遇した時にも、びくともしませんでした。

要点BOX

●波の山を波頂、谷を波底という
●波頂から波底までの鉛直距離が波高
●周期の長い津波はジェット機並みのスピード

波の基本知識

波長 波の山から山（あるいは谷から谷）までの水平距離

波高 波の山から谷までの鉛直距離

周期 波の山（谷）が通過してから次の山（谷）が通過するまでの時間

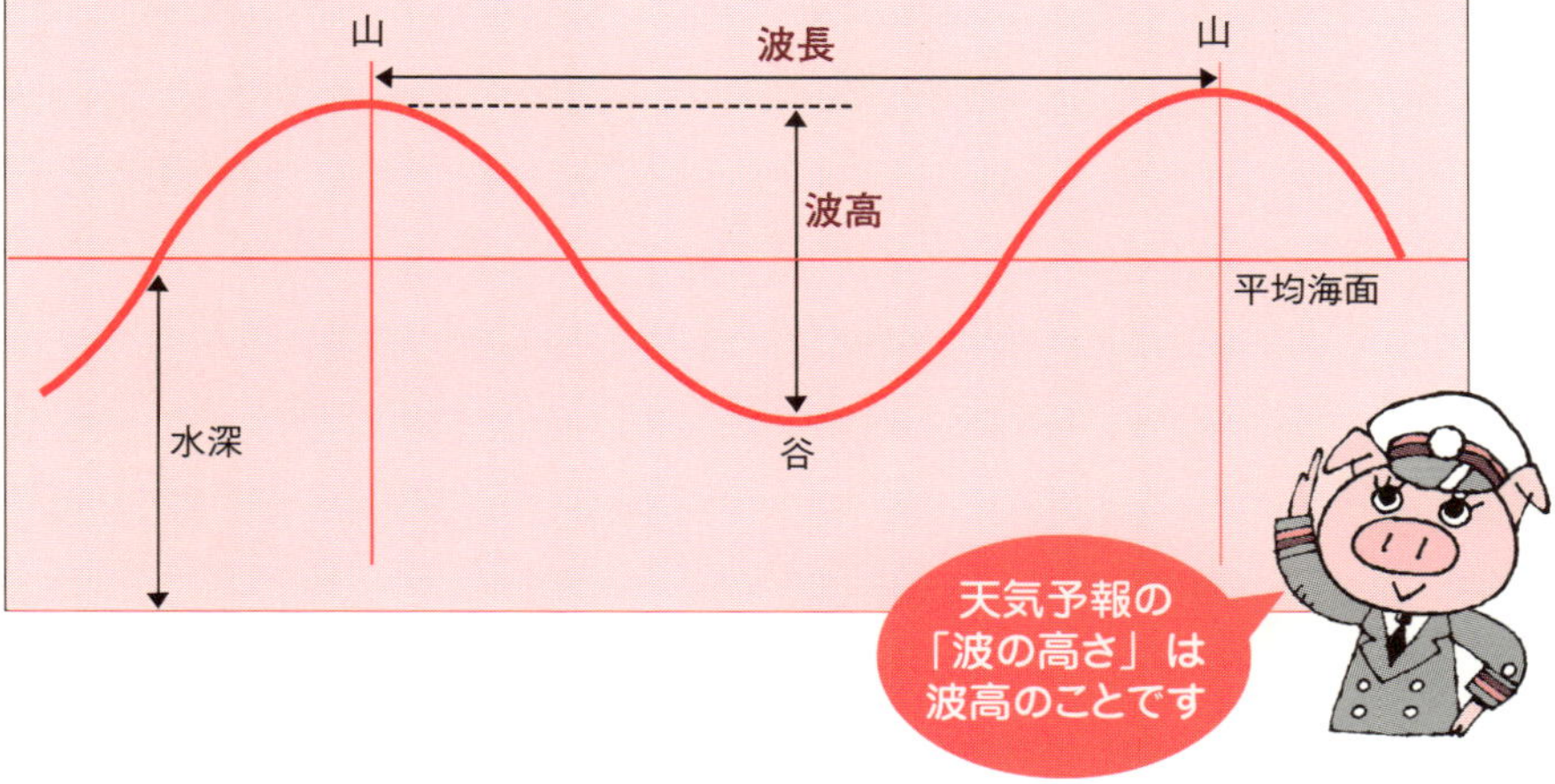

波のもつ大事な関係

$$\text{波長}_{(m)} = 1.56 \times \text{波の周期}^2{}_{(s)}$$

$$\text{波の進行速度}_{(m/s)} = \frac{\text{波長}_{(m)}}{\text{波周期}_{(s)}} = 1.56 \times \text{波周期}_{(s)}$$

波長と船体運動との関係

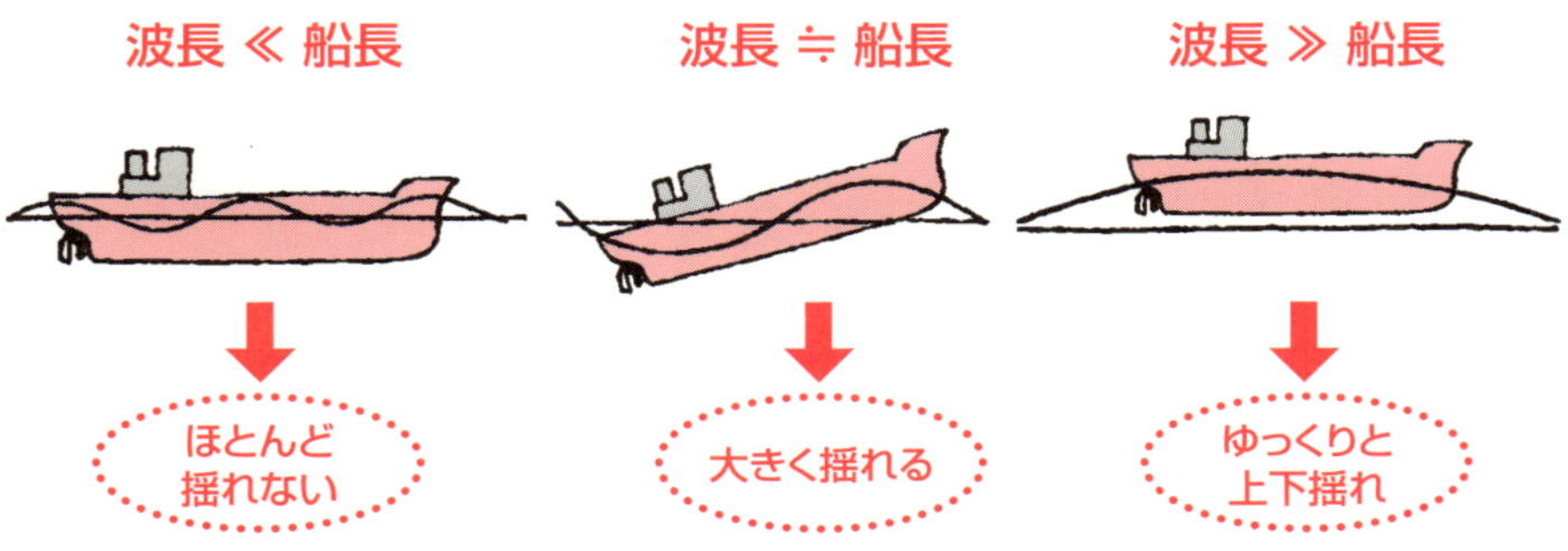

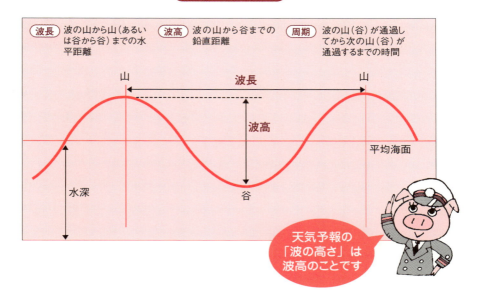

24 波の中での危険な現象

船体の中と外に潜む危険な現象

波の中での危険な現象について説明しましょう。

まず、船体運動によって発生する船内の危険な現象をみましょう。船が大きく横揺れして、積み荷が片寄ってしまう荷崩れが起こると非常に危険なことになります。したがって、船倉内で動く可能性のある荷物はしっかりとロープなどで固縛することが必要となります。また、小麦や石炭などの貨物を船倉にそのまままばら積みする船では、積んだ貨物が流動化して偏ることがあるため、大きく揺れても移動して大傾斜がしないように慎重に船の設計をします。

液体を積む船では、タンクの水が横傾斜に伴って片寄って、船の復原力を減らします。これを「復原力の自由水影響」と呼び、船舶設計においては重要な検討項目です。激しい船体の運動によってタンク内の液体が暴れて、タンク内で衝撃的な力が発生して、タンクを傷つける「スロッシング」もたいへん危険です。

次に、船体の外部で起こる危険な現象です。まず、高い波の中を走ると、波がデッキ上に上がってくることがあります。波が船首で砕けて、白いしぶきになって上がってくる場合にはあまり危険はありませんが、時として、波が水の青い塊としてデッキに上がることがあり、青波（英語ではグリーンウォータ）と呼ばれています。この青波が、デッキ上の建物や貨物を破壊したり、ブリッジの窓を破って船員が死傷したりといった海難が起こっています。

高い波に乗って、船首船底まで水面上に出て、次の瞬間に波底に叩きつけられる現象を「スラミング」といいます。激しいスラミングで、巨大な力が働き、船体がぽっきりと折れる海難も起こっています。

縦波中で突然大きな横揺れが発生するパラメトリック横揺れも海難につながります。

さらに高速の小型船では、波の山に船首が突っ込むバウダイビングや、波の下り斜面で舵が効かないブローチングなどが危険です。

要点BOX

- ●船内での荷崩れと暴れる液体貨物
- ●船体の外部で起こる海水打ち込み
- ●スラミングで船体がぽっきりと折れることも

船内の危険な現象

危険な荷くずれ

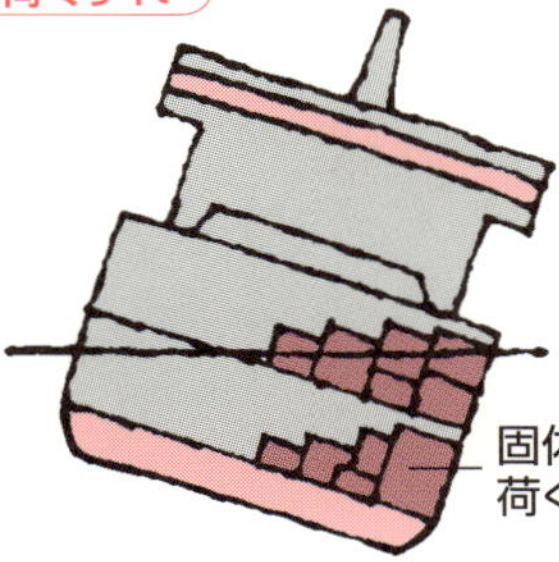

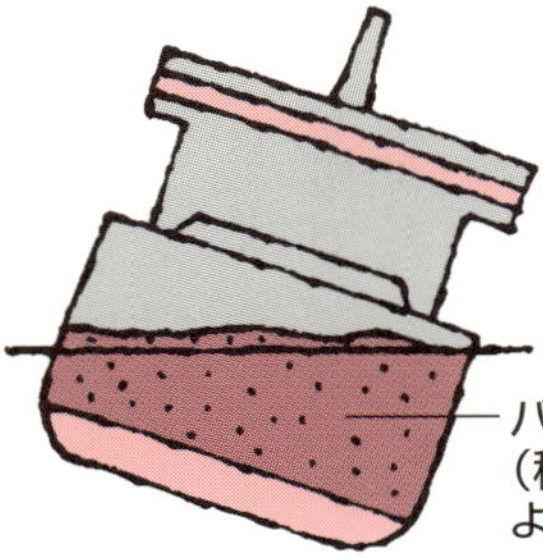

タンク内のスロッシング

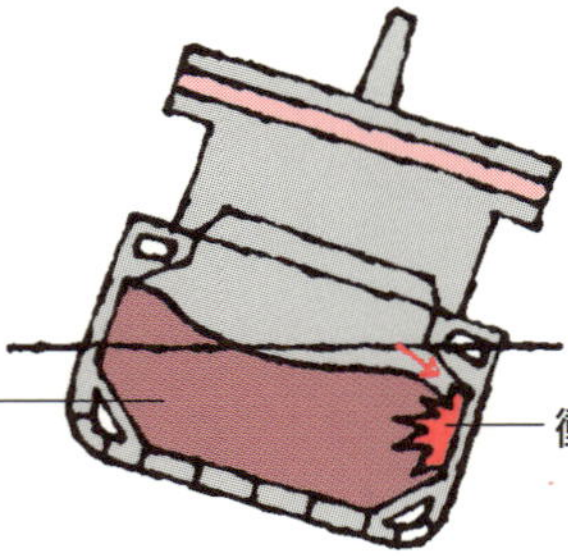

船体の外部で起こる危険な現象

青波

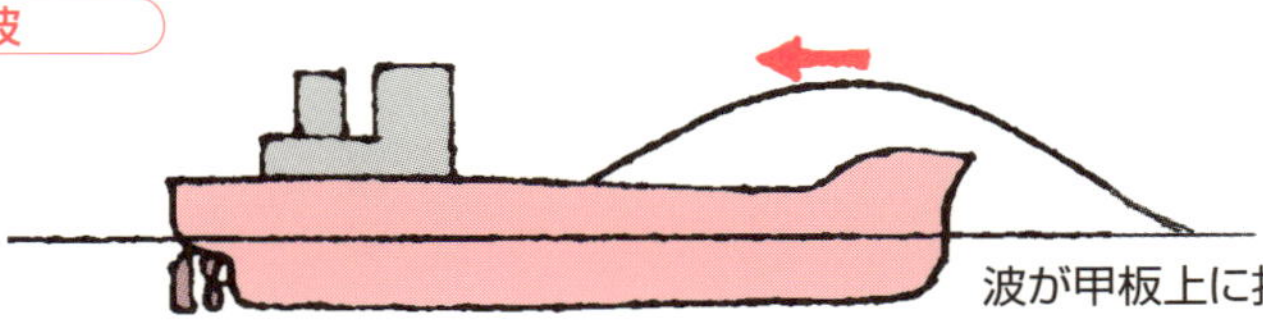

スラミング

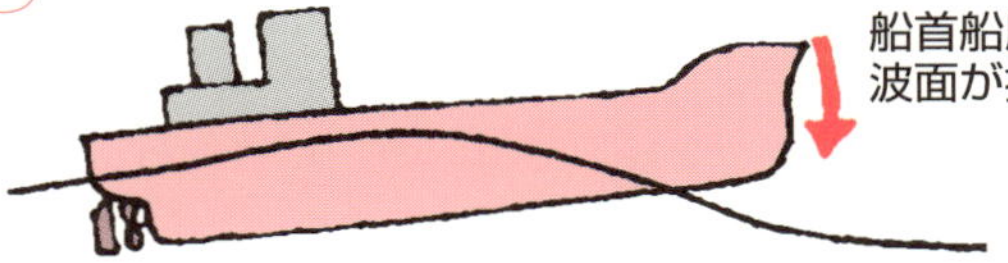

バウダイビング

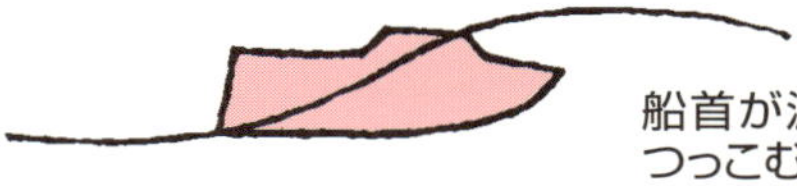

25 船酔いはなぜ起こる？

船酔いが起こる体内メカニズムの研究

船が揺れると、気分が悪くなり、吐き気をもよおすことは珍しいことではありません。車やエレベータで気分が悪くなるのと同じで「動揺病」と呼ばれていますが、その中でも船酔いはきついといわれています。

この動揺病の発症について、ハンロン（O'Hanlon）という科学者がユニークな実験をしました。10mあまりも上下に周期的に動く部屋をつくり、そこに被験者を乗せて、周期と加速度を変化させて、どのくらいの時間で、どの程度の人が吐くかを計測したのです。この貴重なデータが、今では船体運動に伴う船酔いの推定に用いられています。この実験でわかった大事なことが、人間は5～6秒の周期に弱いということです。この周期は、日常生活で歩いたり走ったりした状態ではめったにない周期ですが、海上では頻繁に出会う波の周期なのです。

船酔いが起こる体内メカニズムは次のようにいわれています。人間は耳の内側にある内耳器官で自分の運動を把握しています。また、目からも運動が認知でき、この情報も脳に送られます。動揺する船内にいると、目からは動いているという情報は知覚されずに、内耳からは動いているという情報が脳に送られます。この矛盾に対して脳が混乱することが気分を悪くさせているのです。このことは、体は運動せずに、画像などで目から動いている情報を入れても気分が悪くなるという現象からもわかります。

加速度を受け続けていると、次第に脳が順応してきて、2つの矛盾した情報を受け入れるようになり、これが慣れの影響です。多くの人は、2～3日、船に揺られると船酔いしにくくなるのは、この慣れの影響です。

船に数日乗って上陸すると、ふらふらと感じる陸《おか》酔《よ》いは、2つの矛盾の処理に慣れた脳が、再び矛盾のない情報を受け取って混乱した結果とみられています。

要点BOX

- ●「動揺病」の中でも船酔いはきつい
- ●人間は5～6秒の周期に弱い
- ●船上でも酔いやすい場所がある

ハンロンが計測した嘔吐率の図

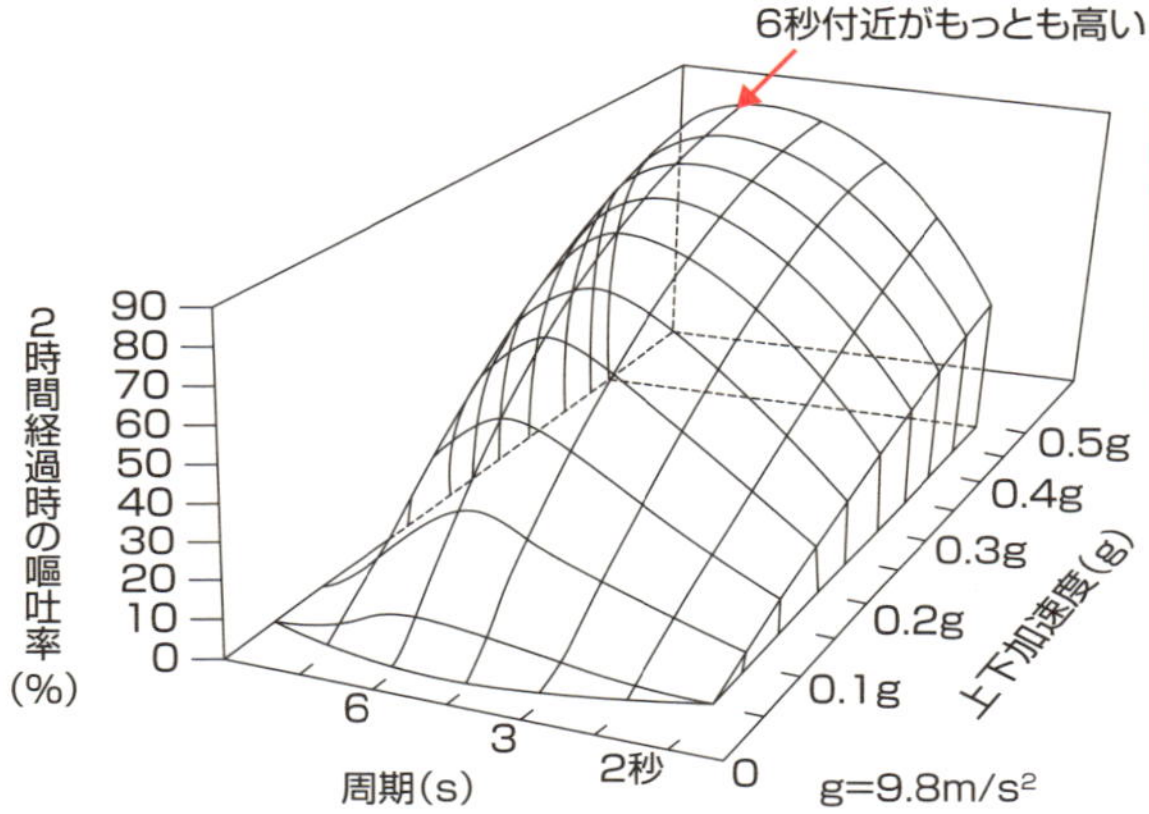

嘔吐率は加速度の大きさだけでなく、運動の周期にも強く依存する。もっとも嘔吐率の高い周期は6秒程度である。

船内の場所によって異なる嘔吐率

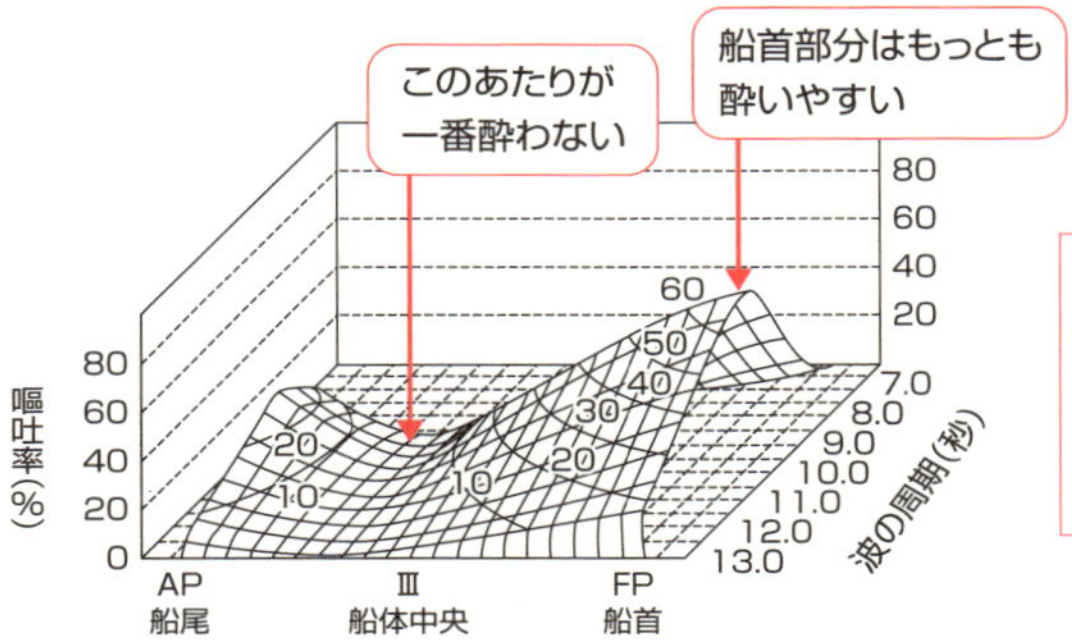

正面から波高2mで規則的に来る波をうけながら、18ノットで航行する5000総トンのクルーズ船で推定した結果。

船酔いはつらい！

Column

シップ・オブ・ザ・イヤー

日本船舶海洋工学会では、毎年、日本の造船所で建造された船舶の中から、技術的、芸術的、社会的に優れた船を「シップ・オブ・ザ・イヤー」として表彰しています。自動車の「カー・オブ・ザ・イヤー」が有名ですが、船の世界にもその進化を評価し、表彰する制度があるのです。

このシップ・オブ・ザ・イヤーの歴史を振り返ってみると、最近の船舶技術の進化の様子が見えてきます。

2015年のグランプリは、モーダルシフトの立役者として、関西と北九州を結ぶ瀬戸内海航路に登場した阪九フェリーの「いずみ」と「ひびき」の姉妹船で、最先端の省エネ技術を採用して20%以上の省エネに成功しています。また、同年の技術特別賞は、日本で初めてLNG（液化天然ガス）を燃料にしたエンジンで動くタグボート「魁《さきがけ》」でした。これからの船舶燃料として期待されているLNGをいち早く取り入れた点が評価されました。

このシップ・オブ・ザ・イヤーの最初の受賞船は、1990年に三菱重工業の長崎造船所で建造された「クリスタル・ハーモニー」でした。日本郵船が、世界のクルーズマーケットにチャレンジするために建造した豪華客船で、いよいよ、日本の造船界が本格的なクルーズ客船建造に踏み出した記念すべき第1歩でした。この「クリスタル・ハーモニー」は、現在は、日本のマーケットに戻って「飛鳥Ⅱ」という新しい船名で活躍しています。

シップ・オブ・ザ・イヤーの歴代受賞船は、学会のホームページで見ることができます。

20%の省エネを達成し2015年のシップ・オブ・ザ・イヤーを受賞した阪九フェリーの「いずみ」。

第3章

船の力学
―材料・構造編―

26 船を造る材料の歴史

材料の進化に影響された船の発展

船の材料としては、最初は、水に浮く草や木などが使われました。1項でも紹介したように、乾燥した草を束ねた葦舟や、丸木舟などが、人の移動や荷物の運搬に使われました。

やがて、船を大きくして大量の物資や人間を運ぶ必要がでてきて、木材をつなぎ合わせて船を建造するようになりました。これを「構造船」といいます。大型になると、波によって壊れないような強度を保つことに工夫が必要になりました。こうして、人間の背骨にあたる竜骨を船底に前後に伸ばし、それに肋骨にあたる部材をいくつもの断面に入れて、その外側に板を張って船内への浸水を防ぐ、現代の船舶にも共通した船体構造が造られました。木材は水を吸って重くなったり、海中で腐食するため、木材の外側に銅や鉄の板を張る船も登場しました。

19世紀半ばには鉄船がたくさん登場します。水に浮かばない重い金属で船を造るためには、浮力の原理が欠かせません。鉄を薄く延ばして器にして、見かけ上の体積を増やすと浮力が増して、水面に浮きます。しかし、器をつくるように鉄を溶かして鋳物で船を造っても重くなりすぎて、荷物が積めません。そこで、鉄の薄い板をつなぎ合せて船体構造を造る必要がありました。そのためには、鉄板と鉄板の端をすこしだけ重ねあわせて、リベットという鋲でつないで船体を造りました。真っ赤に熱したリベットを2枚の板にあけた穴に挿入し、ハンマーで叩いて潰してしっかりと固定します。

鉄は、成分を調整したり鍛えたりすることで、より強い鋼《はがね》になります。現在の船は、ほとんどが鋼で造られています。19世紀末には、鉄船は姿を消して鋼船が主流となりました。また、鋼材同士の接合はリベットから、鋼材を溶かして接着する溶接へと変わりました。溶接では、鋼板同士を重ねる必要がなく、船を軽くでき、また水密も容易になりました。

要点BOX

- 木材をつなぎ合わせた構造船
- 19世紀半ばには鉄船が登場
- 船の材料は鉄から鋼に

木材を組み合わせて大型の船をつくる（構造船）

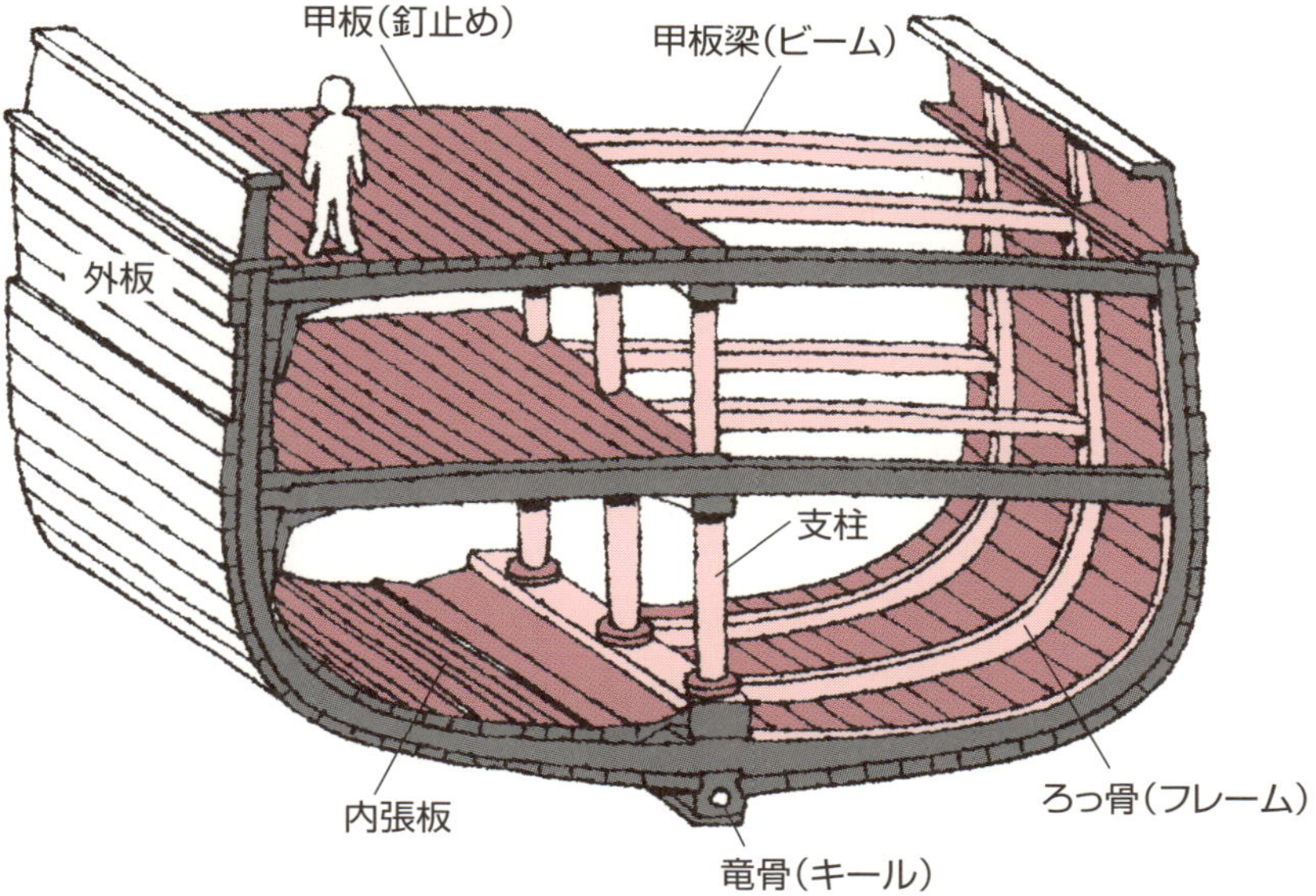

鋼鉄をつなぐリベットと溶接

リベット工法

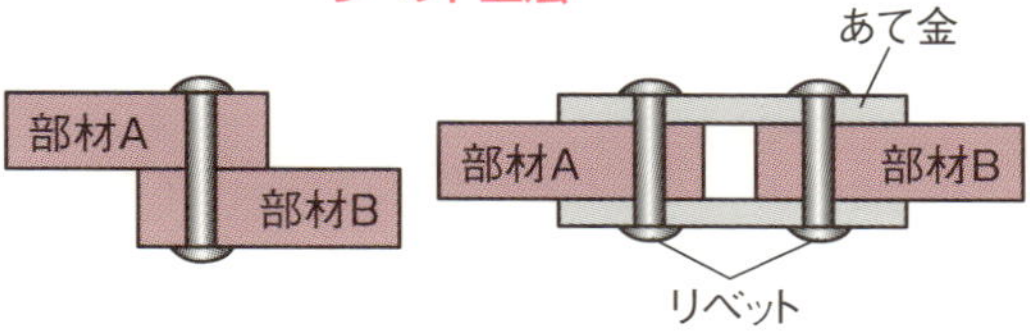

部材とあて金の穴に熱したリベットを打ちつけ、リベットが冷却するときの収縮力で接合する。

溶接工法

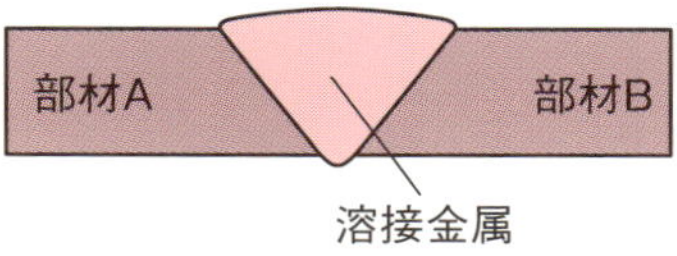

溶接金属と接合させる部材を一緒に溶解し、冷えて固まると部材同士がつなぎ合わさる。

リベット船と溶接船の違い

リベット船の船体断面

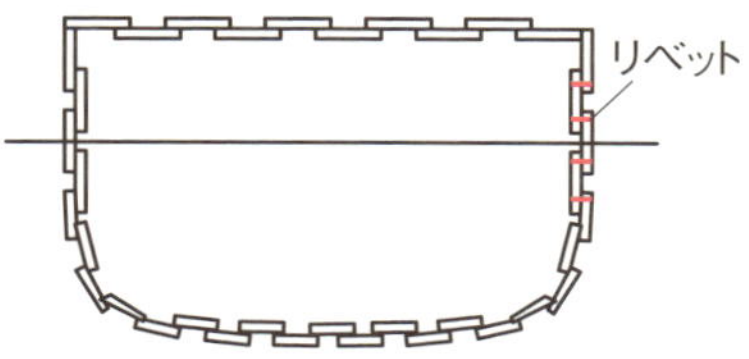

溶接船の船体断面

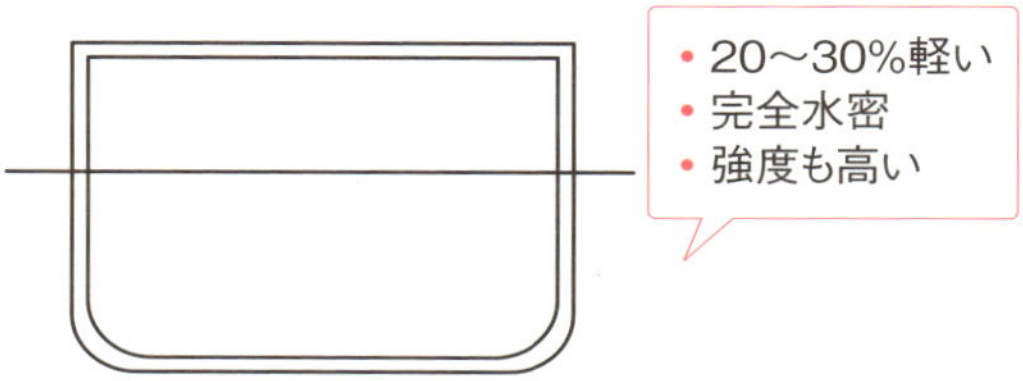

27 強靭で使いやすい鋼とは

鋼は安価で強度がある材料

　ほとんどの大型の船舶は、強度もありかつ価格も安い鋼《はがね》で造られています。「はがね」の言葉の由来は、刃金、すなわち刀などの刃物のための金属という意味からきており、熱した鉄を叩くことによって強度を増した鉄の合金です。鉄をハンマーなどで叩くと、金属内部の空洞がなくなり、結晶が微細化して、かつ方向が整えられて強度が増します。

　こうして強い鉄すなわち鋼をつくっていましたが、大量の鋼を製造できる精錬技術が発明されました。一般には、転炉と呼ばれる、珪石でつくられたレンガを内部に張った炉の中に、鉄鉱石を原料とする銑鉄を入れ、熱い酸素を吹き込んで銑鉄の不純物を除去し、さらに炭素も酸化させて、その含有率を0・5～1・7%程度になるように調整すると鋼となります。他の鋼をつくる方法として、平炉製鋼法や電気炉製鋼法などもあります。

　鋼の特徴は、資源が豊富な鉄鉱石を原料とし、比較的簡単に合金化できて、強度の高い材料となることです。さらに炭素の含有量の変化や、各種の元素を添加するとさまざまな特性の鋼となるため、その用途が広がりました。製造中の鋼素材は、熱い状態で圧力をかけて成型する過程で、さらに強靭になり、また板材から形材までさまざまな形状の材料になります。船用の鋼材としては、強度と靭性《じんせい》とともに溶接性、工作性が求められます。靭性とは粘り強さのことで、大きな力を受けても、すぐには破壊せずに伸びて耐えられる特性です。

　船には、鋳鋼《ちゅうこう》、鍛鋼《たんこう》、圧延鋼《あつえんこう》が使われます。鋳鋼では、溶けた鋼素材を鋳型に流し込んで、船尾骨材、船尾管、ホースパイプなどをつくります。鍛鋼は、熱い鋼の塊に圧力を掛けて強靭にして、ラダーストック・ヘッド、クランク軸などがつくられます。ローラなどで圧力をかけて延ばした圧延鋼は船体の構成材料となります。

要点BOX

- ●ほとんどの大型の船舶は鋼製
- ●鋼は比較的簡単に合金化できる
- ●鋼の原料は資源が豊富な鉄鉱石

製鉄所

厚板の圧延過程

ローラなどで
圧力をかけて延ばした
圧延鋼は船体の
良い構成材料です。

鍛鋼でつくられているクランクシャフト

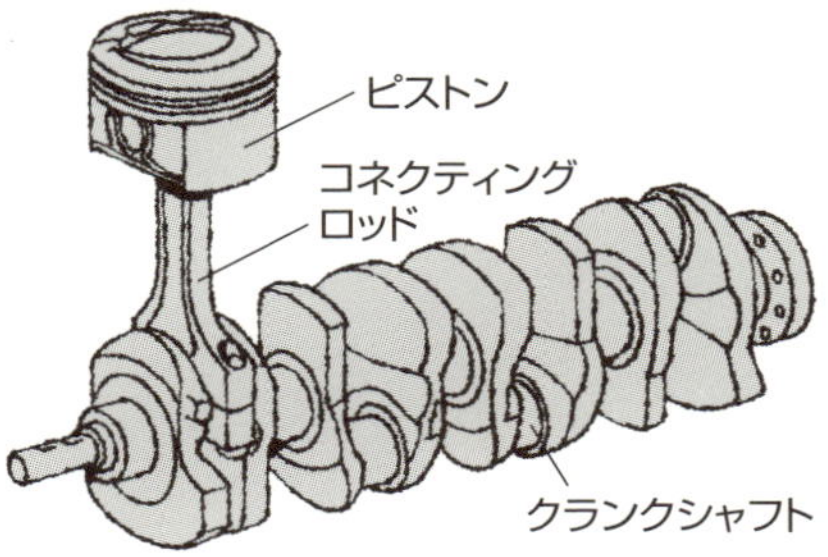
ピストン
コネクティング
ロッド
クランクシャフト

28 さらに進化する鋼

船体を軽くするための努力

船体が軽くなると、それだけたくさんの貨物が運べます。このための鋼材の軽量化の努力は綿々と続けられています。

一般の鋼材よりさらに強度を高めたのが高張力鋼で、造船所ではその英語名（High Tension Steel）を短略して「ハイテン」と呼ばれています。鋼材をつくる時の添加物の成分や、組織の形を変えることで、強度を増していますが、一般の鋼材に比べてどの程度強度を増したものを高張力鋼と呼ぶかについては決まっておらず、どの程度の引っ張り力まで耐えられるかを数値化してその性能を表示しています。

一般の鋼材は、引張強度が４００ＭPa程度ですが、４９０ＭPa以上の鋼材が高張力鋼と呼ばれ、５９０～７８０ＭPaと一般鋼材より引っ張り力が1.5～2倍ちかくまで耐えられるものが一般的に使われています。この強度は、炭素、シリコン、マンガン、チタンなどの元素の配分を０・０００１%単位で管理することで決まり、きわめて高度な技術力のある製鉄所だけが製造することができます。特に、日本の製鉄所はその高い技術力を有しています。しかし、高張力鋼は良いことばかりではありません。引張強度は強いのですが、強くなるほど材料の靭性すなわち粘り強さが低下します。また、溶接後に亀裂が入りやすいなどの欠点もあり、高度の溶接技術が必要となります。

鋼は低温では脆くなって脆性破壊を起こしやすくなります。極地などの寒冷地を航行する船の船体や、低温貨物を積載する船では、低温でも使える低温用鋼材が使われます。日本の南極観測艦「しらせ」には、40㎜のステンレスクラッド鋼が使われており、厚い氷の中での航行でも船体に傷がつかず、かつ氷との摩擦を低減しています。

今治造船では、船首部を柔らかくかつ延性のある鋼材で造った、衝突時に相手船に優しい船を開発・建造しています。

要点BOX

- 鋼材よりさらに強度を高めたのが高張力鋼
- 高張力鋼は引張強度が強いが粘り強さが低下
- 寒冷地を航行する船には低温用鋼材が使われる

高張力鋼で軽く強い船体を

初めて高張力鋼が使われたタンカー出光丸

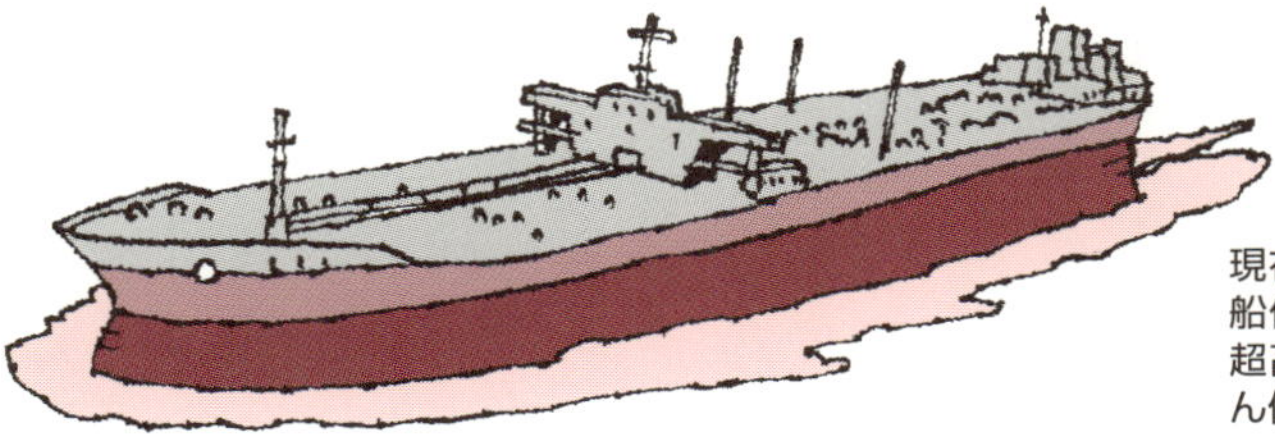

現在では大型船には船体軽量化のために超高張力鋼がたくさん使われている。

大型コンテナ船

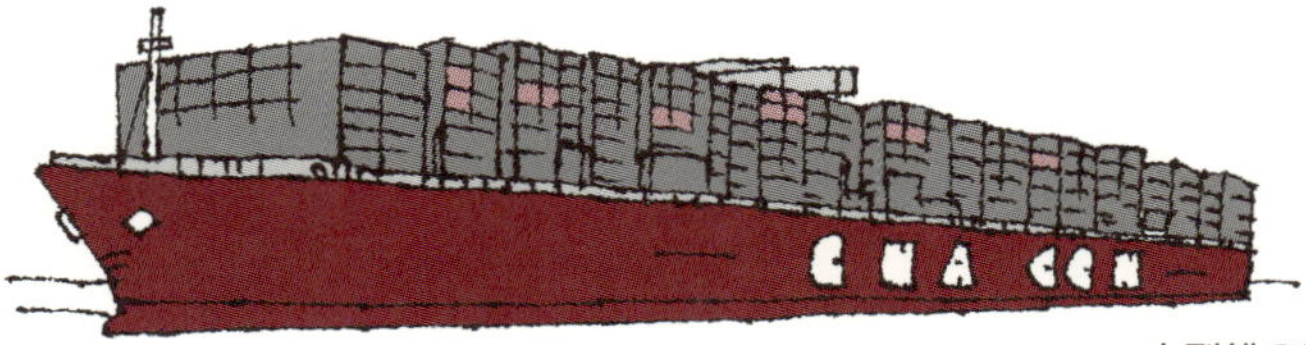

大型船のほとんどが軟鋼でできているが、一部強度が必要な所には高張力鋼が用いられる。

潜水艦

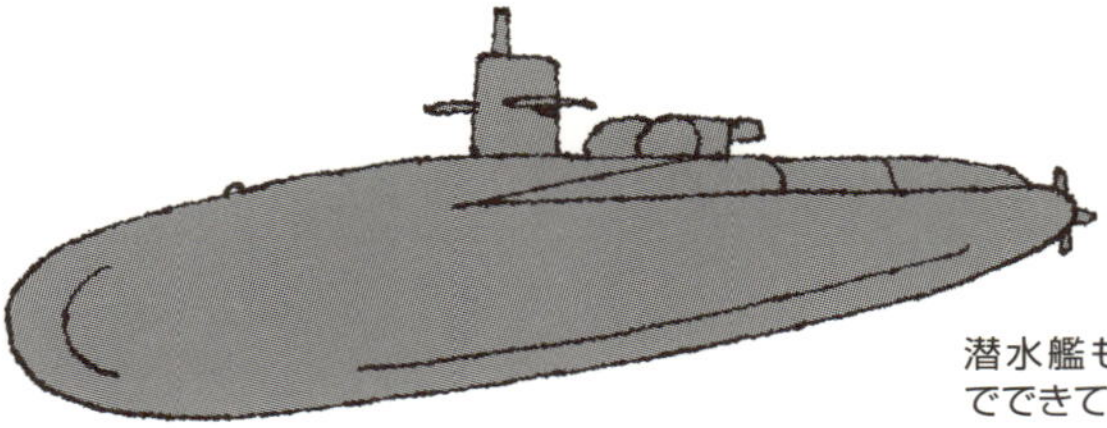

潜水艦も高張力鋼でできている。

高速警備艇

小型の高速船も高張力鋼でできている。

29 小型高速船は軽いアルミニウムで

軽さを求められる高速船で使われる

アルミニウムは、船の材料としては鋼材に次いでよく使われています。鋼に比べると比重が1／3と軽く、強度は約2倍なので、船体を軽く造ることができ、軽さが必要な高速船や、背の高い客船の上部構造に復原性を確保するために使われています。また、耐食性に優れているのも特徴です。

アルミニウムは純粋な状態では比較的柔らかい材料のため、銅、マンガン、ケイ素、マグネシウム、亜鉛、ニッケルなどの金属を混ぜて合金にして、それぞれの目的にあった強度、特性のものを使います。

アルミニウム合金は、鋼に比べると価格が高いのと、よくたわむ特性をもつこと（弾性係数が1／3）、そして溶接時に変形が大きいという欠点があります。

一方、アルミニウム材料を加熱して、トコロテンのように種々の型から押し出して作る押出形材があり、板材と骨を一括で成型した部材を使うと溶接工数が削減できて、溶接変形の問題が出にくくなります。

アルミ船としては、小型高速旅客船、海上保安庁の巡視艇や水産庁の漁業取締船などの小型高速船が数多く建造されています。いずれも半滑走艇と呼ばれる船型で、船底に働く揚力で船体を浮上させるために船体重量を軽くする必要があるためアルミ合金を使っています。

比較的大型船では、130m程度までの高速カーフェリーがアルミ合金で建造されています。国内では、熊本フェリーの「オーシャンアロー」、佐渡汽船の「あかね」が活躍しています。

一般に、船長が150m以上になれば、アルミニウムによる軽量化メリットはなくなり、高張力鋼などの鋼材で建造しても性能に遜色はなく、かつ建造材料費も安くなると言われています。

一方、アルミ船は、廃船後に、溶かしてアルミニウム材料としてリサイクルが簡単に可能であり、これが大きな長所となっています。

要点BOX

- ●船の材料としては鋼材に次いでよく使われる
- ●アルミは鋼に比べると比重が1/3
- ●アルミ船は廃船後にリサイクルが簡単

船舶用アルミニウム合金の種類と標準化学成分

区分	記号	化学成分(規格の中央値、wt%)						備考
		Mg	Si	Mn	Cr	Cu	Al	
船体用	5052	2.5	—	—	0.25	—	残部	(JIS規格に規定なし)
	5083	4.45	—	0.7	0.15	—	残部	
	5086	4.0	—	—	0.15	—	残部	
	5454	2.7	—	0.75	0.13	—	残部	
	5456	5.1	—	0.75	0.13	—	残部	
	6061	1.0	0.6	—	0.20	0.28	残部	形材(JIS規格に規定なし)
	6N01	0.6	0.65	—	—	—	残部	
	6082	0.9	1.0	0.7	—	—	残部	
船装用	1050	—	—	—	—	—	≧ 99.5	主として内装用(板)
	1200	—	—	—	—	—	≧ 99.0	
	3203	—	—	1.25	—	—	残部	
	6063	0.7	0.4	—	—	—	残部	窓枠、内装等(形材)
	AC4A	0.45	9.0	0.45	—	—	残部	ケース類、エンジン部品等
	AC4C	0.35	7.0	—	—	—	残部	油圧部品、ケース類、 エンジン部品類、電装品等
	AC4CH	0.3	7.0	—	—	—	残部	
	AC7A	4.5	—	—	—	—	残部	船舶部品全般

(出典：日本財団図書館「船舶用アルミ合金・種類と特徴」より
(下表も同様))

アルミ船は、
粉塵の少ない室内工場
で建造される。

船体構造用アルミニウム合金の特徴

合金	質別		特徴	備考
	板	形材		
5052	○	H112	約2.5%のMgを含有する中強度の合金。耐食性並びに成形性が優れている。	上部構造、その他二次的部材。小型船舶の船体
	H14	○		
	H34			
5083	○	H112	約4.5%のMgを含有する代表的な溶接構造用合金。非熱処理型合金の中では、強度が高く、溶接性、耐食性が優れている。	船体主要構造
	H32	○		
5086	—	H112	約4%のMgを含有する合金。5083合金と同等の溶接性、耐食性をもつが強度は若干低く、押出性は多少改善されている。	船体主要構造(薄肉広幅押出形材として使用)
6061	—	T6	Al-Mg-Si系合金。強度は高いが、溶接継手効率が劣る。海水に接する部分への用途は避ける方がよい。	上部構造、隔壁構造、フレーム等
6N01	—	T5	Al-Mg-Si系の中に中強度押出用合金。6061合金よりも起用度は低いが、耐食性、溶接性もよい。	上部構造(薄肉広幅押出形材として使用)

30 プラスチックをガラス繊維で強固に

同じ形の船の大量生産に向いている

かつて木材を材料にして建造されていた小型船やボートは、今ではFRPと呼ばれる材料で建造されることがほとんどです。

FRPとはガラス繊維強化プラスチック（Fiber Reinforce Plastic）の略で、海外ではGRPと呼ばれるのが一般的です。日本で使われているFRPのFは繊維を意味するファイバの頭文字、海外のGRPのGはガラス繊維の頭文字をとったものです。プラスチックだけでは割れやすいので、ガラス繊維を入れて、材料としての靭性を補強しているのです。これは、コンクリートの建造物が、中に鉄筋を入れて粘り強さをだしているのと同じです。

FRP船の建造では、まず①船の外形に合わせた型をつくります。②その型の内側に、出来あがった船の外側表面になるゲルコートを塗ります。続いて、③その上にガラス繊維のマットを敷き、プラスチック樹脂に硬化剤を混ぜたものをローラなどで塗り固めて、必要な強度になるまで何層も積層していきます。④こうして出来あがった船体をクレーンで吊り出すと船体の完成です。ガラス繊維のマットではなく、ガラス繊維の糸を短くカットして、樹脂と硬化剤と一緒に吹き付けて積層する方法もあります。

FRP船を造るのには、「型」が必要なので、同じ形の船を大量生産するには向いています。長さが数十メートルまでのレジャー用ボートやヨット、小型漁船、小型客船などがFRPで造られています。

木造船に比べて軽く、水漏れがしにくく、耐久性も優れていますが、廃船時の処分が大きな問題となっています。海に不法投棄されると海中を浮遊して、海の汚染につながるからです。また廃船の破砕解体および償却に多額の費用が必要となります。

FRP船としては、ボートやヨットだけでなく、大型船に積載する救命艇、ジェットスキーから公園のボートまで数多くの舟艇が造られています。

要点BOX

- ●FRPとはガラス繊維強化プラスチックの略
- ●FRP船を造るのには、「型」が必要
- ●FRPは小型の船艇で広く採用されている

FRP船の建造

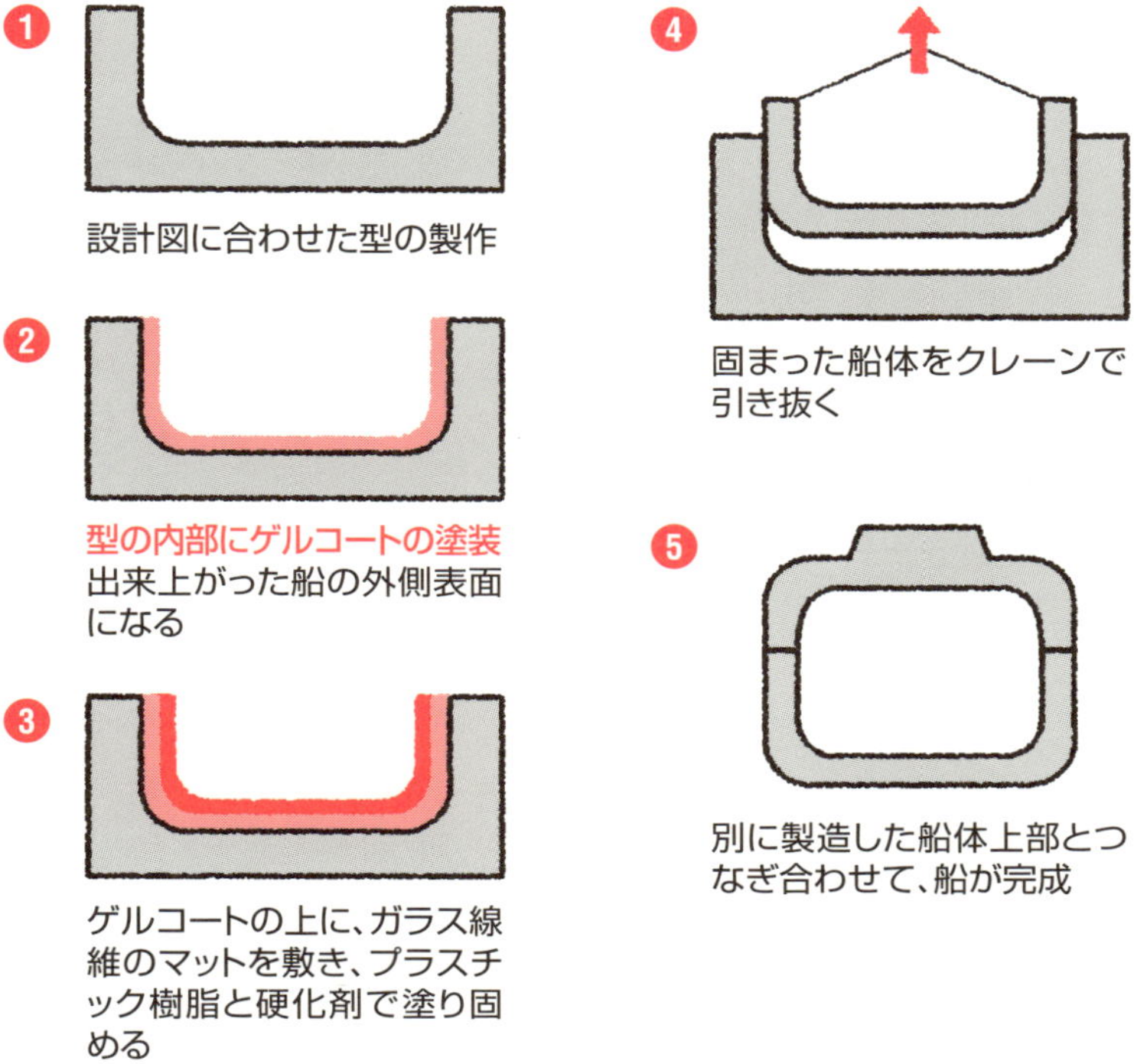
1
設計図に合わせた型の製作
2
型の内部にゲルコートの塗装
出来上がった船の外側表面になる
3
ゲルコートの上に、ガラス繊維のマットを敷き、プラスチック樹脂と硬化剤で塗り固める
4
固まった船体をクレーンで引き抜く
5
別に製造した船体上部とつなぎ合わせて、船が完成

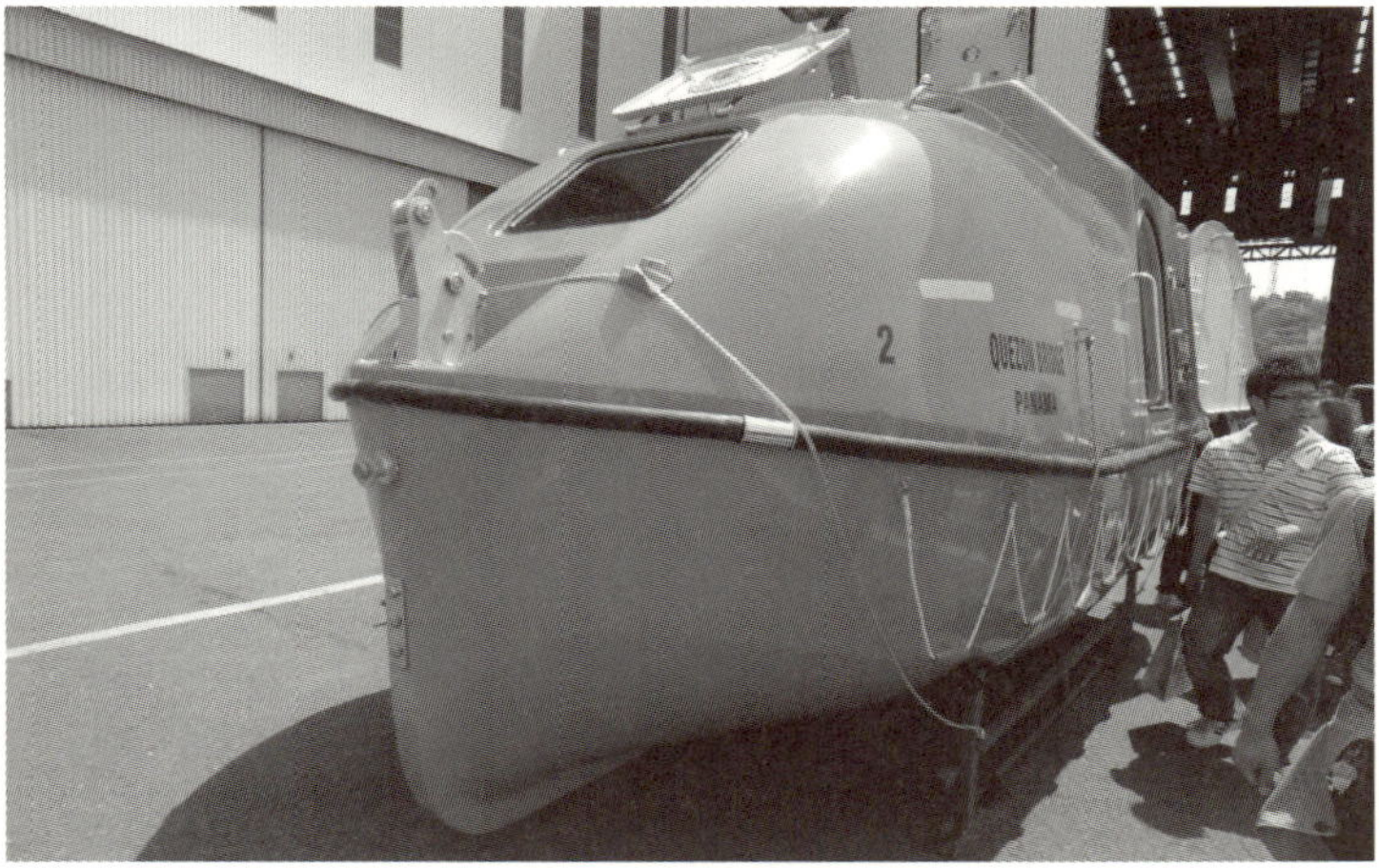

FRP製の救命艇

31 最先端材料の可能性

多くの新しい材料が使われるようになった

　主に鋼で造られている船舶にも、さまざまな新しい材料が使われるようになってきました。その中から、話題の材料に触れておきましょう。

　まず炭素繊維です。炭素繊維とは、アクリル繊維やコールタールなどの副生成物であるピッチを高温で炭化してつくった繊維です。軽くて、強く、錆びずに、腐らない炭素繊維を、FRPのガラス繊維の代わりに使うと、非常に強度のある、軽い材料をつくることができます。これが、炭素繊維強化プラスチックでCFRPと呼ばれています。最初の文字のCは、炭素すなわちカーボンの頭文字をとったものです。炭素繊維を鉄と比較すると、比重が1／4、比強度が10倍、比弾性率が7倍あります。航空機のボーイング787をはじめ、ロケットから釣り竿などまで使われています。

　CFRPはまだ、非常に価格が高いので、船舶としては、競技用のボートやヨットなどに使われているだけですが、最近、日本が誇る舶用プロペラメーカであるナカシマプロペラが、大型船のプロペラにこの材料を使い、30％余りの軽量化と、しなる特性を生かしてプロペラ効率の向上に成功しています。

　金属のチタンも話題を集めています。地殻を構成する9番目に多い元素で、自然界に豊富に存在していますが、集積度が低く、また精錬が難しいことからあまり利用されてきませんでした。非常に安定していて、金と同等の耐食性、海水に対する耐食性をもち、鋼よりも高い強度と、約1／2の比重で軽いという特性があります。しかし、1000℃近い高温時にはさまざまな元素と反応しやすく、鋳造や溶接時に酸素や窒素を遮断する必要があり、加工に特殊な設備が必要となります。このため利用は軽く高価格な製品に限られています。九州の江藤造船所が、チタン製の漁船を数隻建造した実績がありますが、まだ普及はしていません。しかし船にとってもやっかいな海水による腐食がないことは大きなメリットです。

要点BOX

- ●炭素繊維は軽くて、強く、錆びず腐らない
- ●海水に対する耐食性が良いチタン
- ●チタン船の普及はこれから

CFRPプロペラ

CFRPプロペラの特徴①
軽量

- 従来のアルミ青銅の約1/5の比重により軽量となり据付が容易
- 慣性モーメントの低減
  →軸系の軽量化が可能

CFRPプロペラの特徴②
高強度

- 従来材より疲労強度が高く、信頼性も高い

CFRPプロペラの特徴③
低振動

- 従来に比べ、大きな減衰率により、振動が低減。
- 居住環境改善

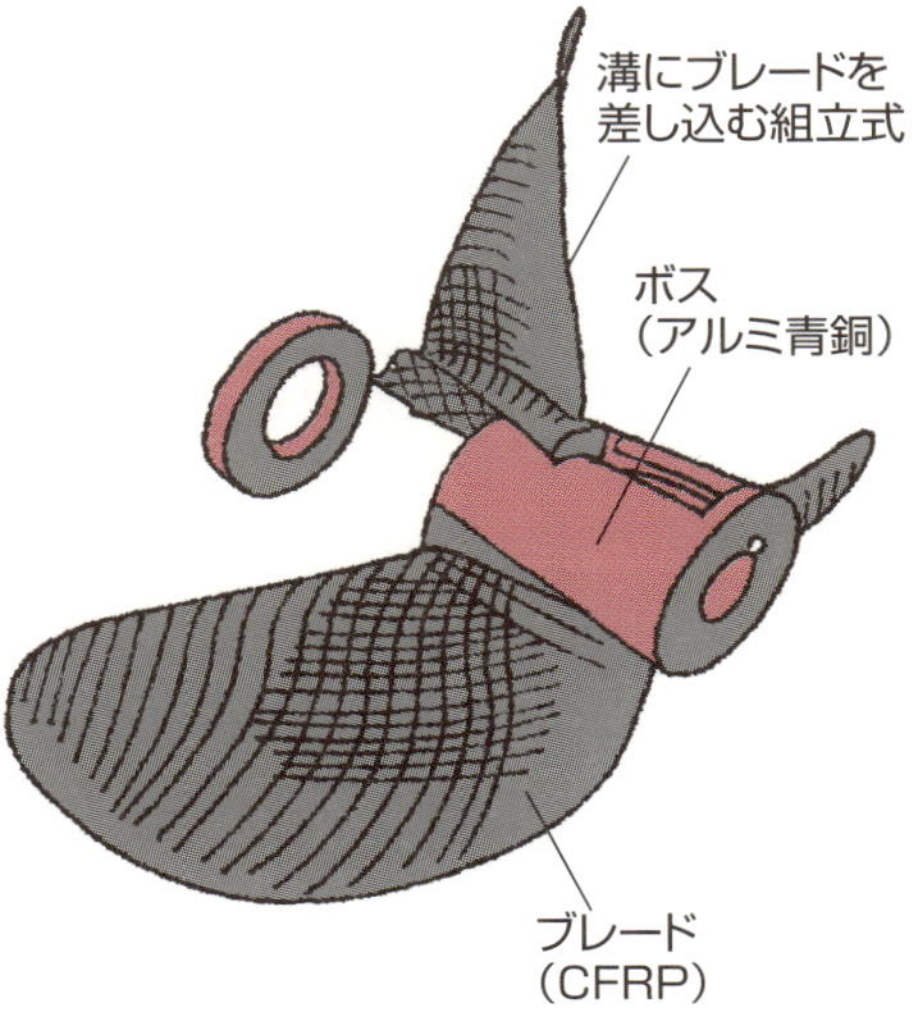

チタン製の漁船（資料提供：江藤造船所）

32 船の構造設計とは

安全に航海のできる強度を求めるために

船は、激しい海象の中で大波に翻弄されながらも、安全に航海ができるだけの強度をもつ必要があります。しかし、むやみに強度を増すと、船は重くなって十分な貨物が積めない不経済船となってしまいます。すなわち、船の構造設計には、安全性と経済性の絶妙なバランスが必要となります。

このための設計が構造設計です。基本的に、船には波の中でも折れない十分な縦強度、水圧や積荷の荷重に対抗する横強度、波にたたかれても大きく凹《へこ》まないための局部強度の3つが必要となります。

さらに、常に周期的な自然外力にさらされるため、十分な疲労強度ももつ必要があります。金属疲労とは繰り返し力を受けて、金属内の原子が元の位置に戻らなくなり、それが蓄積されて亀裂が生ずる現象です。

この構造設計に必要なのが構造力学という学問です。船体に働く力を推定し、その力が働いた時の船の変形量を計算し、力が取り除かれた時に元に戻る弾性域に収まるかを検討します。さらに、塑性変形、そして破壊にまで至るかも慎重に計算しなくてはなりません。

造船所が行う大型船の構造設計では、まず、仕様書に従って一般配置を決め、次に船級協会規則の構造計算式を用いて各部材の厚さを決定します。船級協会では、構造力学の知見と長年の経験に基づいて規則を決めていますので、これに従って構造設計をすることが可能で、これを「ルール計算による設計」と呼びます。

次のステップとして造船所は、実際の設計図面に従ってより詳細な強度計算を行います。この時には、コンピュータの中で船体構造を小さな要素に分割して、その集合体として、要素間で支配方程式を数値的に満足する解をみつける有限要素法と呼ばれる方法が用いられます。このようにして、より精密な構造強度計算をすることによって、十分な強度をもちつつ、できるだけ軽い船体構造が設計されるのです。

要点BOX

- 波の中でも折れない十分な縦強度
- 水圧や積荷の荷重に対抗する横強度
- 波に叩かれてもへこまないための局部強度

構造設計上の3つの強度とは?

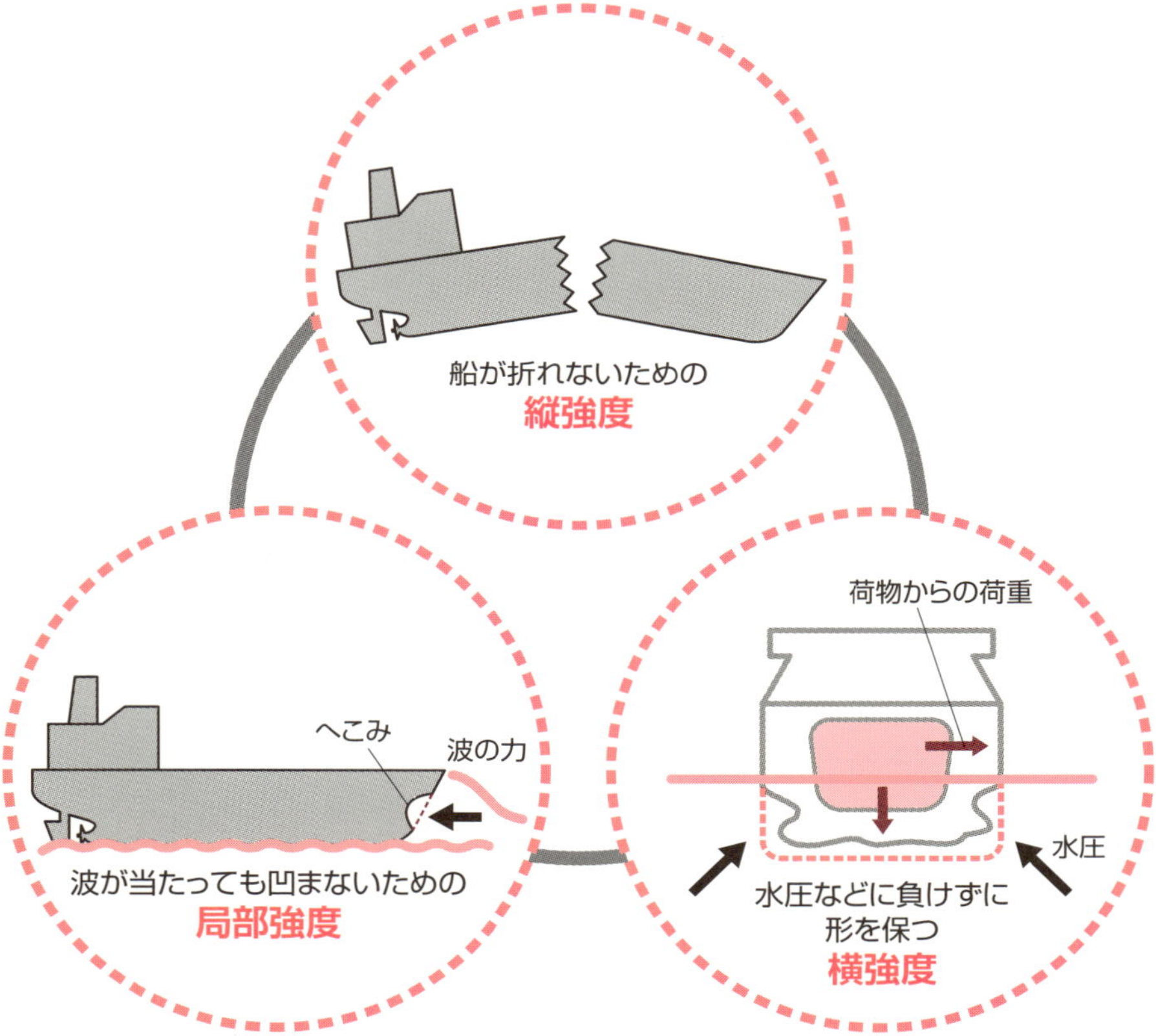

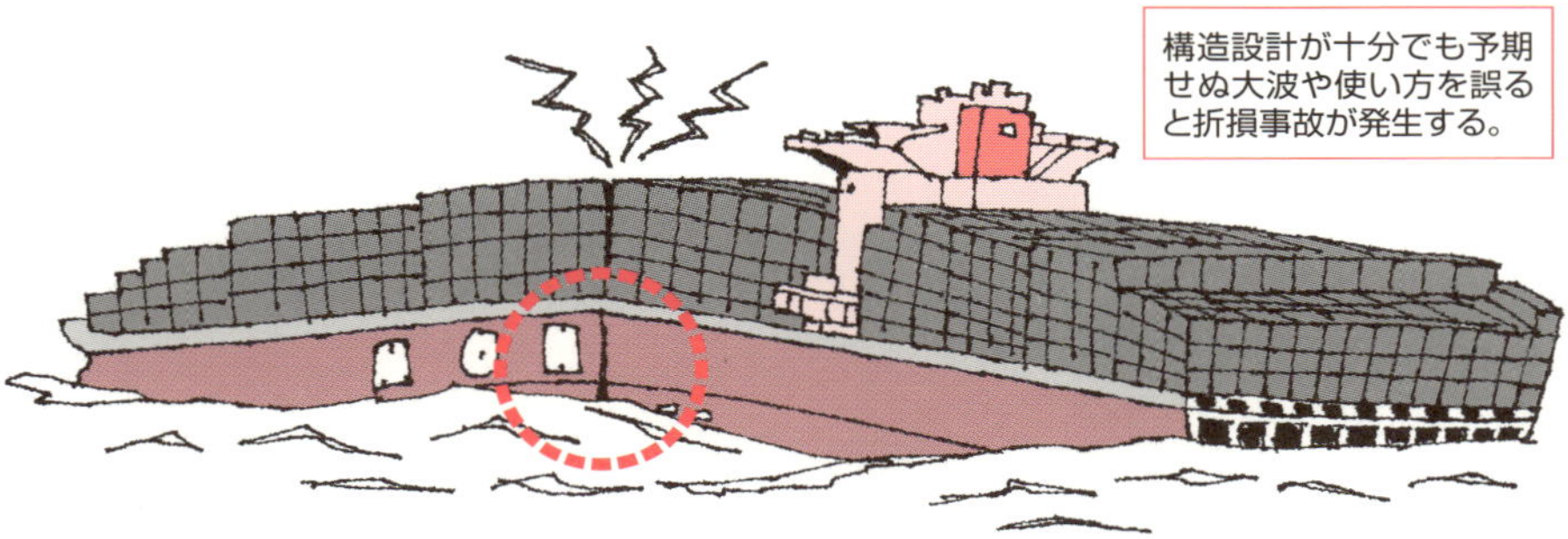

インド洋で荒天時に中央から折損した大型コンテナ船

33 波から受ける大きな力と縦強度

船を折り曲げるような力に耐えられる強度

船は一般的に前後に細長い形状をしており、1本の梁《はり》に近似することができます。この船体に正面から波が当たると、波の山では浮力が増え、波の谷では浮力が減ります。この浮力変動が、もっとも大きくなるのは、波の波長が船の長さとほぼ等しくなる時で、波の山がちょうど船首と船尾にきた時には、船首尾では上に、船体中央では下向きに力がかかり、船を凹型に折り曲げるようなモーメントがかかります。この状態を「サギング状態」と呼び、船首尾に波の谷が来て、船体中央に波の山があるときには、この逆に船を凸型に折り曲げるモーメントが働き、これを「ホギング状態」といいます。こうした船を折り曲げるような大きな力が働いても、耐えられる強度を「縦強度」といいます。

この縦強度を支えるのが、船首から船尾まで伸びる各種の縦方向の部材です。船殻を形つくる船側外板、船底外板、デッキ、前後に延びるロンジと呼ばれる骨、竜骨などが十分な縦強度を船体に与えなくてはなりません。この時に、もっとも大事なのが、縦の曲げモーメントが最大になる船体中央断面です。ここでの曲げ強度を表すのが断面係数です。この断面係数は、中央断面内の縦通部材の断面で決まります。

波によって船体に働く曲げモーメントを、この断面係数で割ると、その時の曲げ応力が求まり、その応力が材料の許容応力以下だと船体は弾性域内なので、波の力がなくなると、元の形に戻ります。

波がない状態でも、船を折る力が働きます。それは、積荷の積み方によって、重力と浮力のアンバランスが働くためです。一部の船倉にだけ重い荷物を満載すると、この力のアンバランスが船体を破壊することもあります。このように、船にとっては縦の強度がたいへん重要です。船の建造を監督する船級協会では、それぞれ縦曲げモーメントと剪断力《せんだんりょく》を確保するための基準があり、それを満足させるように構造設計をします。

要点BOX

- ●波による浮力変動が船を折り曲げる
- ●縦強度に大事なのは船体中央断面の強度
- ●力がなくなると元にもどる弾性域におさめる

船の形を保つための横強度

オイルタンカーの構造

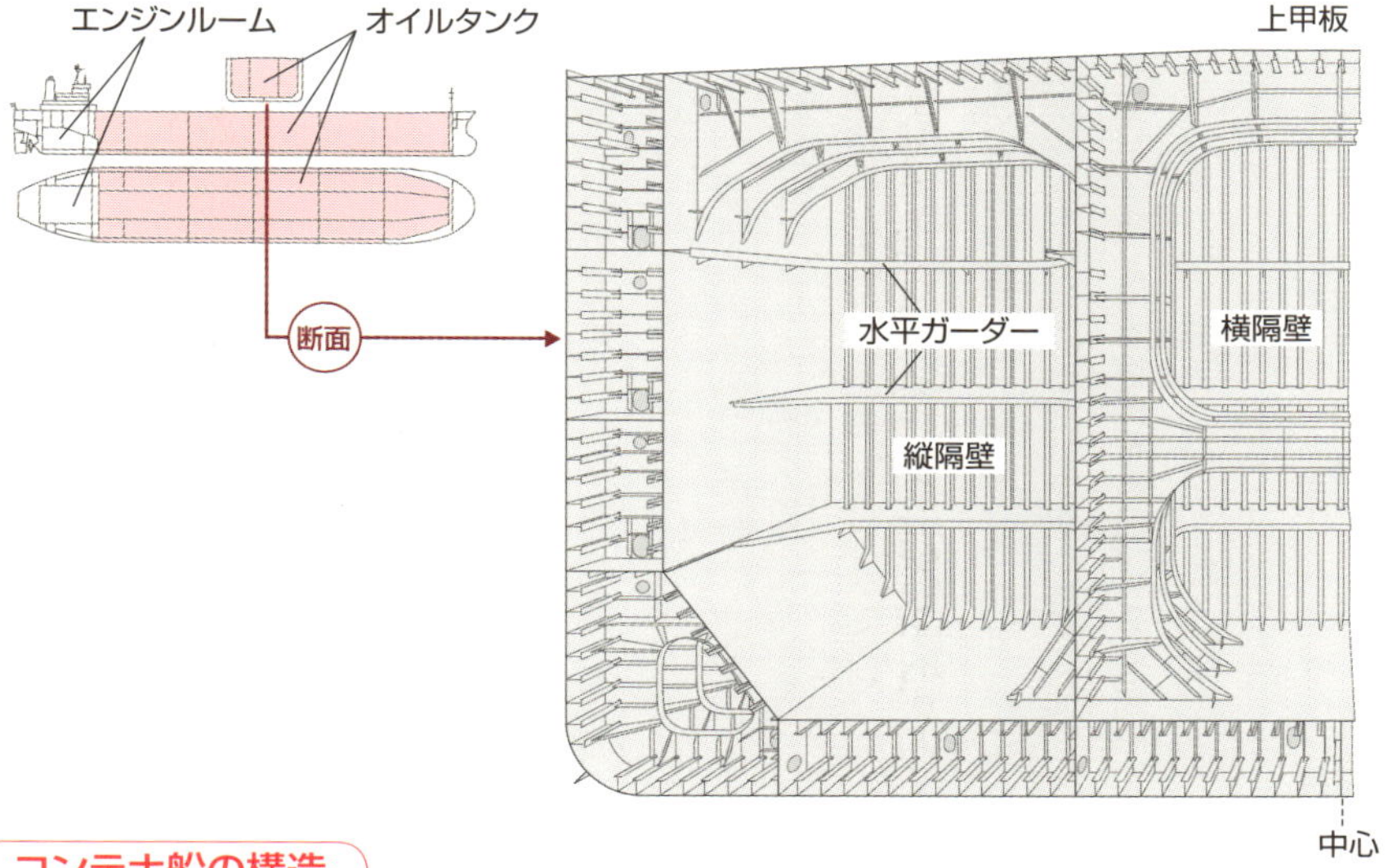

コンテナ船の構造

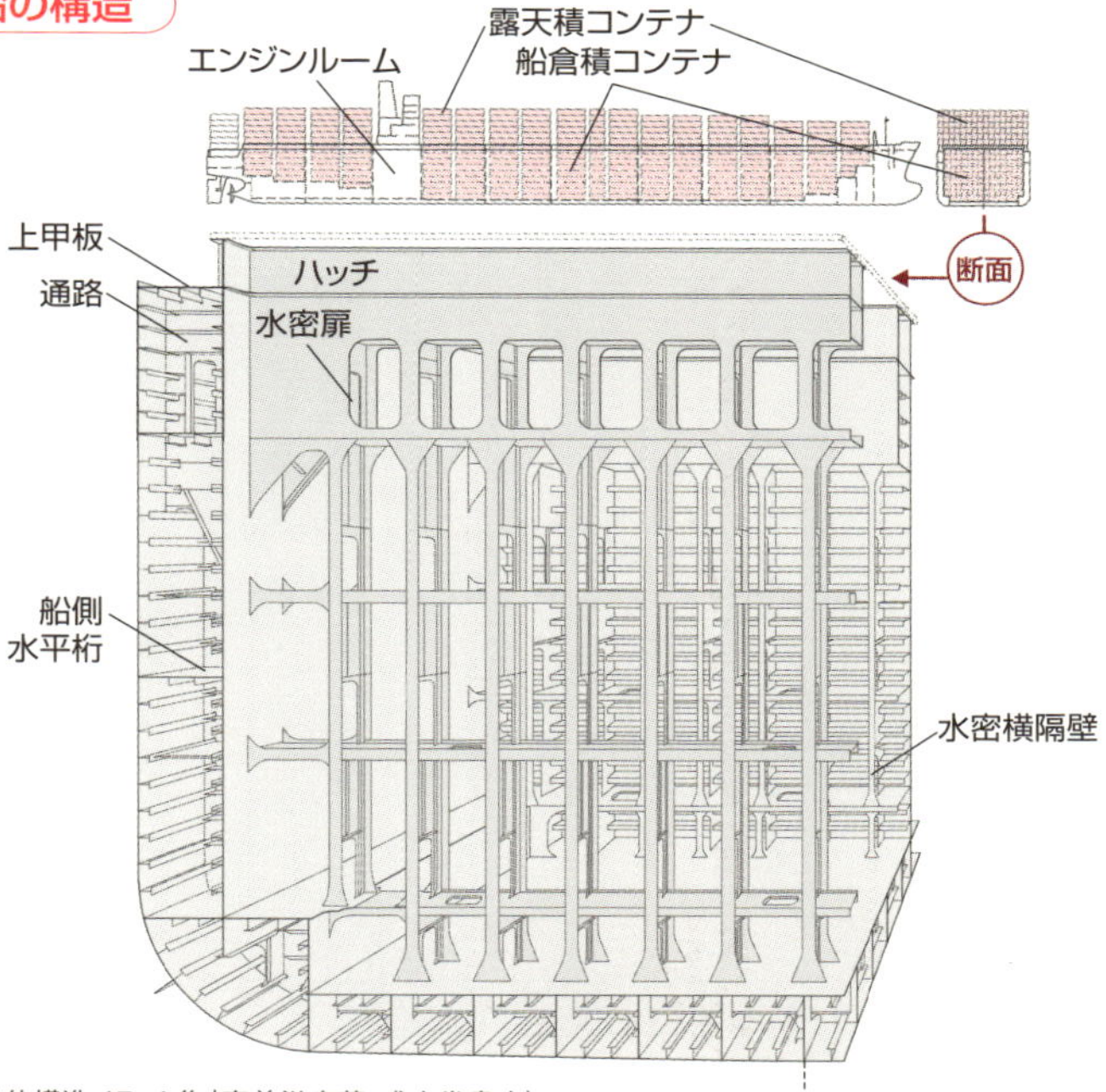

（出典：「英和 新船体構造イラスト集」恵美洋彦著、成山堂書店）

中心

35 腐食と金属疲労

海水は鋼材の腐食を進ませる強敵

鋼材にとって海水は、腐食を進ませる強敵です。腐食には化学的腐食と電気的腐食があり、船にとってはどちらもたいへん大事です。

まず、化学的腐食としては、海水による酸化です。船体に接する海水が空気中から酸素を取り込み、鋼鉄内の電子と結びつき陽イオンになって表面に溶け込んで錆となります。海水中の塩分がこの酸化を進めます。この腐食を防止するのが、鋼材に塗られる塗料です。船舶用には、各部分の環境に合わせた塗料が開発されています。特に、水面下および水面付近の船体表面は、溶存酸素量の多い海水に常にさらされるため腐食が進みやすく、特殊な塗料が塗られます。

また、船内のタンクでも、海水を入れるバラストタンクは、海水にさらされたり、海水を抜くと空気に触れるため腐食が進みやすく、建造途中のブロックの時点で塗装工場での入念な塗装が行われます。

また、船内で応力が繰り返しかかるような場所では、塗料が剥げやすく、そこから内部に腐食が進みます。こうした箇所では、金属疲労によるクラックが入りやすく、腐食が疲労破壊を進行させることもあります。船底の塗料には、腐食とともに海洋生物の付着を防ぐ防汚機能も必要とされます。

船にとって忘れてはならないのは異種金属間の電気的腐食で、電蝕と呼ばれます。この電気的腐食は、2つの金属のうちイオン化傾向の大きい金属が腐食してしまう現象で、船の船体は鉄鋼で造られていますが、プロペラは銅合金でできているため、この2つの金属間に電位差が生じて、船体の鋼板が腐食します。そこで、プロペラ付近の船体には、鋼鉄よりもイオン化傾向の大きい亜鉛の板を取り付けて、船体の代わりに腐食させています。これをアノードまたは防食亜鉛版といいます。犠牲電極ともいわれ、ある程度小さくなると、新しいものと交換して常に船体の電蝕による腐食を防いでいます。

要点BOX

- ●化学的腐食としては海水による酸化
- ●腐食を防止する鋼材に塗られる塗料
- ●鋼と銅合金の間に起こる電気的腐食

タンカーの防食

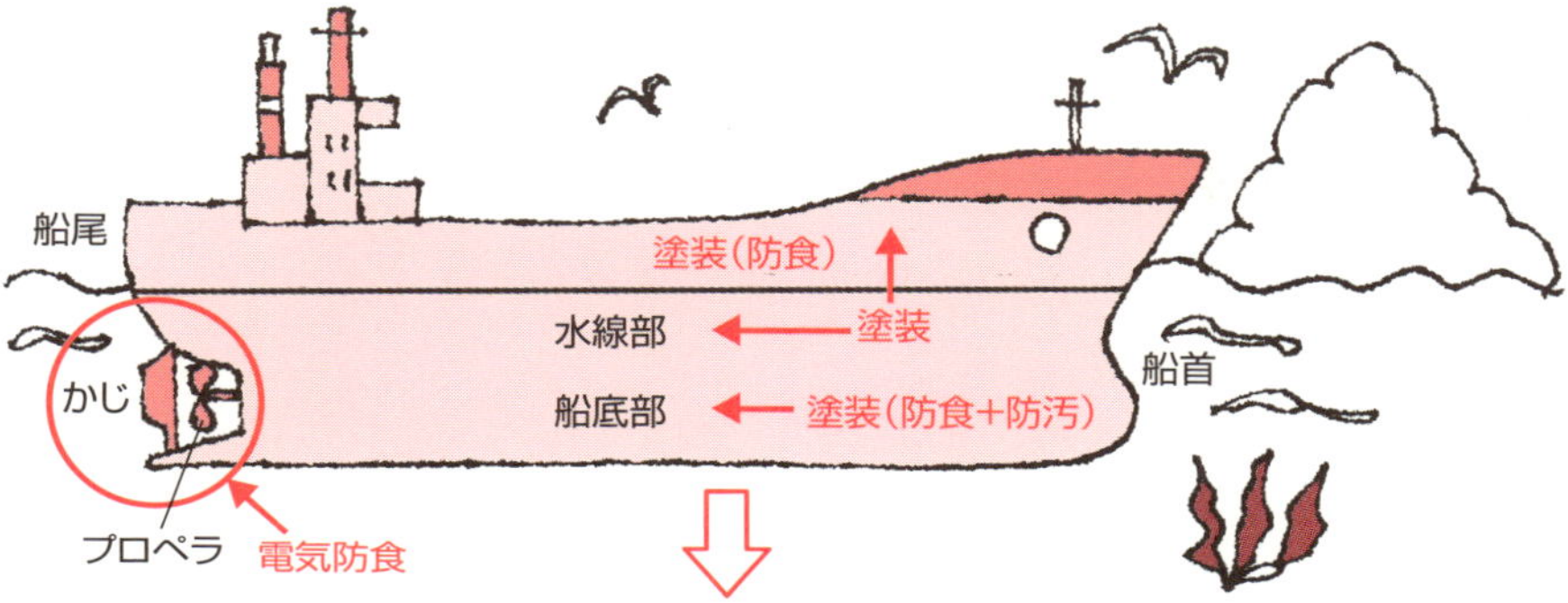

大型船の船体塗装作業

Column

海難事故の80%は
ヒューマンエラー

海難事故の80%が船員の人為的ミス、すなわちヒューマンエラーだといわれています。他の仕事に没頭していて見張りが不十分になったり、判断ミスだったり、さらに居眠りも少なくないといわれています。

このヒューマンエラーによる海難を劇的に減らすと期待されているのが、船の自動運航システムです。

船にはかなり昔から、オートパイロットと呼ばれる自動操舵装置が使われています。船の操船を行うブリッジには、車のハンドルに当たる舵輪があり、これを回転すると船の針路が変化します。この舵輪を自動的に操作する装置ですが、これは針路を一定に保持する機能しかもっておらず、船の衝突回避はできません。そのため、オートパイロットで自動に操船するのは広い海域に出てからで、狭い港内や狭水道では手動で操船しています。

自動車のナビと同じく、船には、海上の地図である海図上に自船の位置をGPS機能で表示するシステムがあり、さらに、電波を使ったレーダーと、各船が船名、位置、速度などの情報を絶えず発信する機能をもつAIS（自動識別装置）によって、船の周りの状況がかなり正確に把握できる体制にあります。また、最近の進んだ情報通信機能を船舶でも使えるようになり、陸上の基地から洋上の船舶を自動的に把握することも可能となりました。

こうした状況のもと、船舶の危険性を自動的に判断し、船員の安全な操船を支援するシステムが期待されています。その先には、無人で、完全に自立して航行できる船舶の出現も待っているはずです。

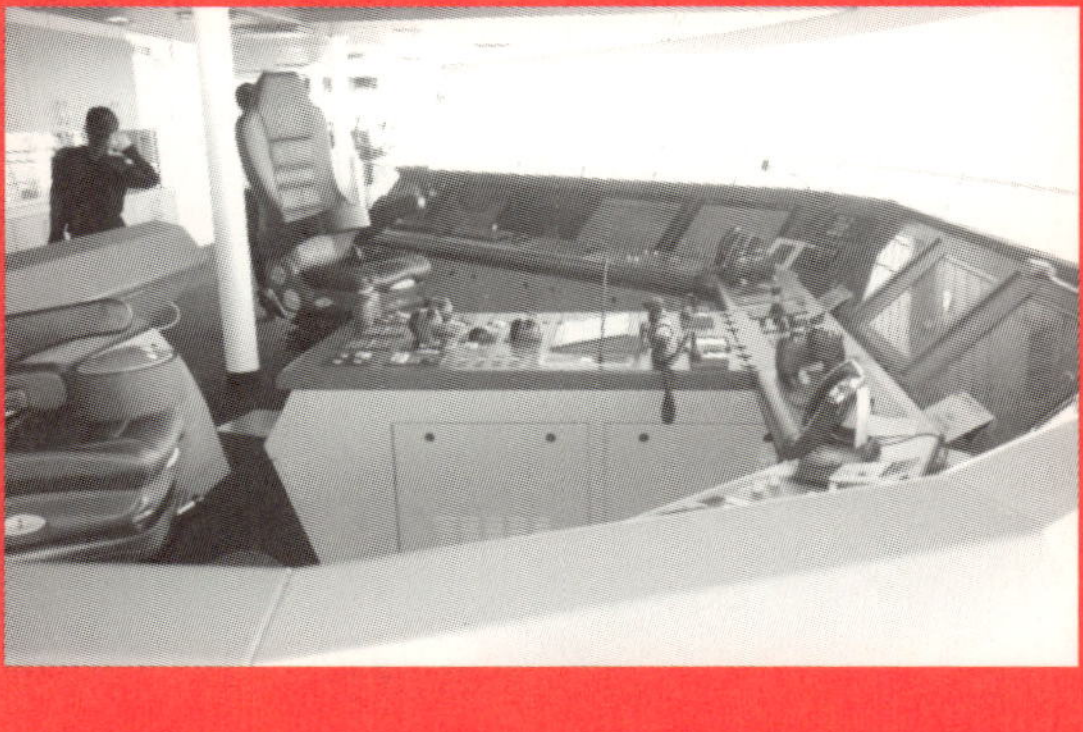

クルーズ客船「クァンタム・オブ・ザ・シーズ」のブリッジの操船コックピット。やがて、無人で安全に航海できる時代がやってくるかも。

第4章

船の種類

36 船の基本構造

穴が開いても沈まない船体にしておく

船の種類を説明する前に、船のもつ基本的な構造について説明しておきましょう。

飛行機や陸上交通機関と船が根本的に違っているのは、船は水の上に浮いていることでしょう。すなわち、万一浮力を支えている水面下の船体表面に穴が開くと、船内に水が入って沈んでしまいます。したがって、ある程度の穴が開いても沈まない船体にしておく必要があります。船体に穴が開く原因としては、座礁と衝突があります。座礁は水面下の岩礁などの海底に乗り上げることで、船底に穴があきます。

この座礁時の安全性を確保するのが、船底全体に設けられた二重底です。大型船だと、この二重底の高さは2mにも達し、その中はたくさんの骨で補強されています。

船舶同士の衝突の場合には、自分が船首からぶつかる場合と、横からぶつけられる場合があります。船首は常に前進速度と波の衝突によって大きな外力にさらされているので、そうした外力で変形しないような強度をもっています。さらに衝突した時の船首の損傷によって、船全体に水が入らないように水密の壁が設けられており、これを「船首隔壁」と呼びます。

横からの衝突による浸水に対しては、船体を長手方向にいくつかの水密隔壁で分けています。水密とは水を通さないという意味です。これを「水密区画」といいます。水密隔壁は水平に船体上面全体を覆う上甲板まで伸びています。

船舶の区画は、国際規則であるSOLAS（海上人命安全条約）の中で、船の種類ごとに決められているので、その規則に合うように設計する必要があります。客船や乾貨物船については、衝突した時の事故のあらゆるケースについて沈没・転覆する確率を計算して、その値が、規則が求める確率を上回るように区画が決められます。これを「確率論に基づく損傷時区画・復原性規則」と呼びます。

要点BOX

- ●船体に穴が開く原因は、座礁と衝突
- ●座礁時の安全性を確保する二重底
- ●船舶の区画は船の種類ごとに決められている

バルクキャリアの構造

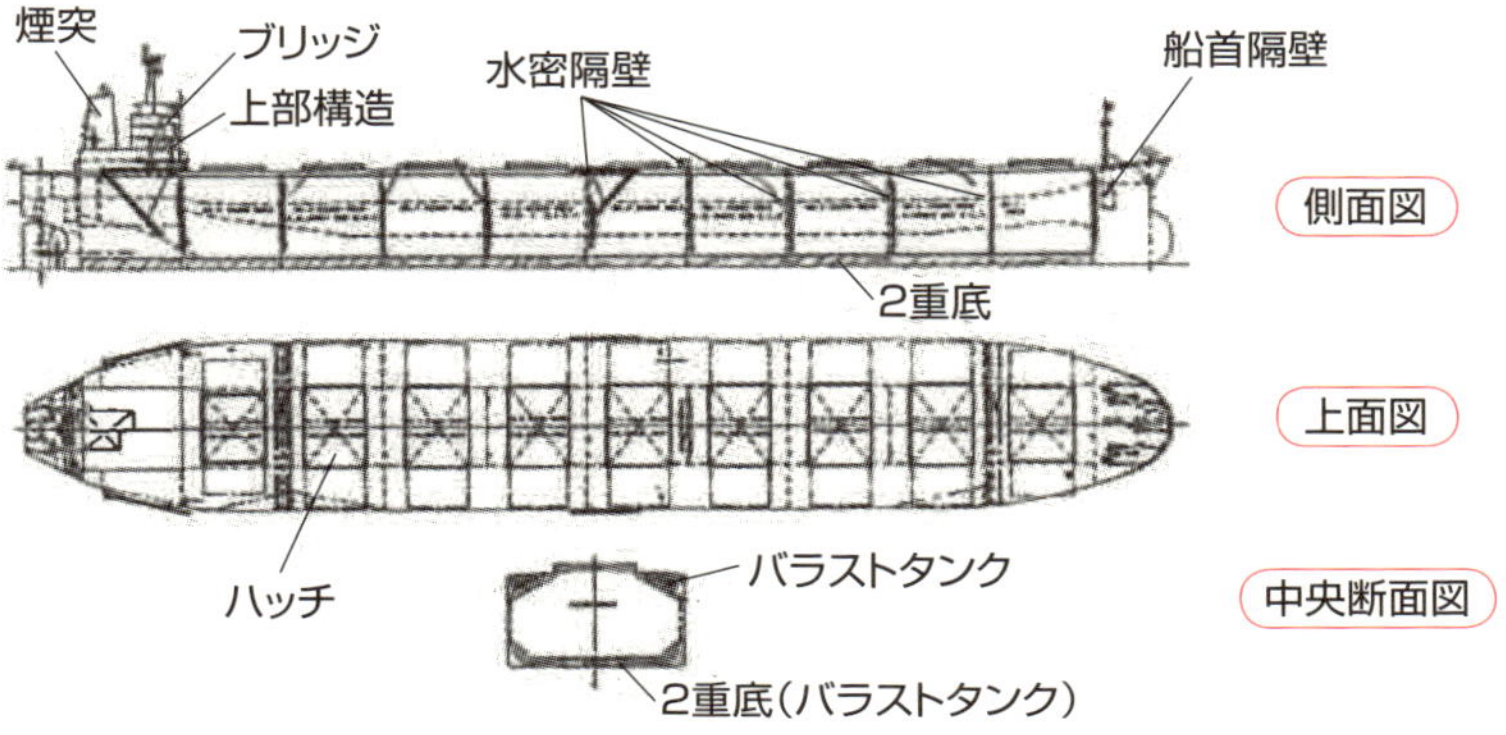

頑丈な船首部内の構造

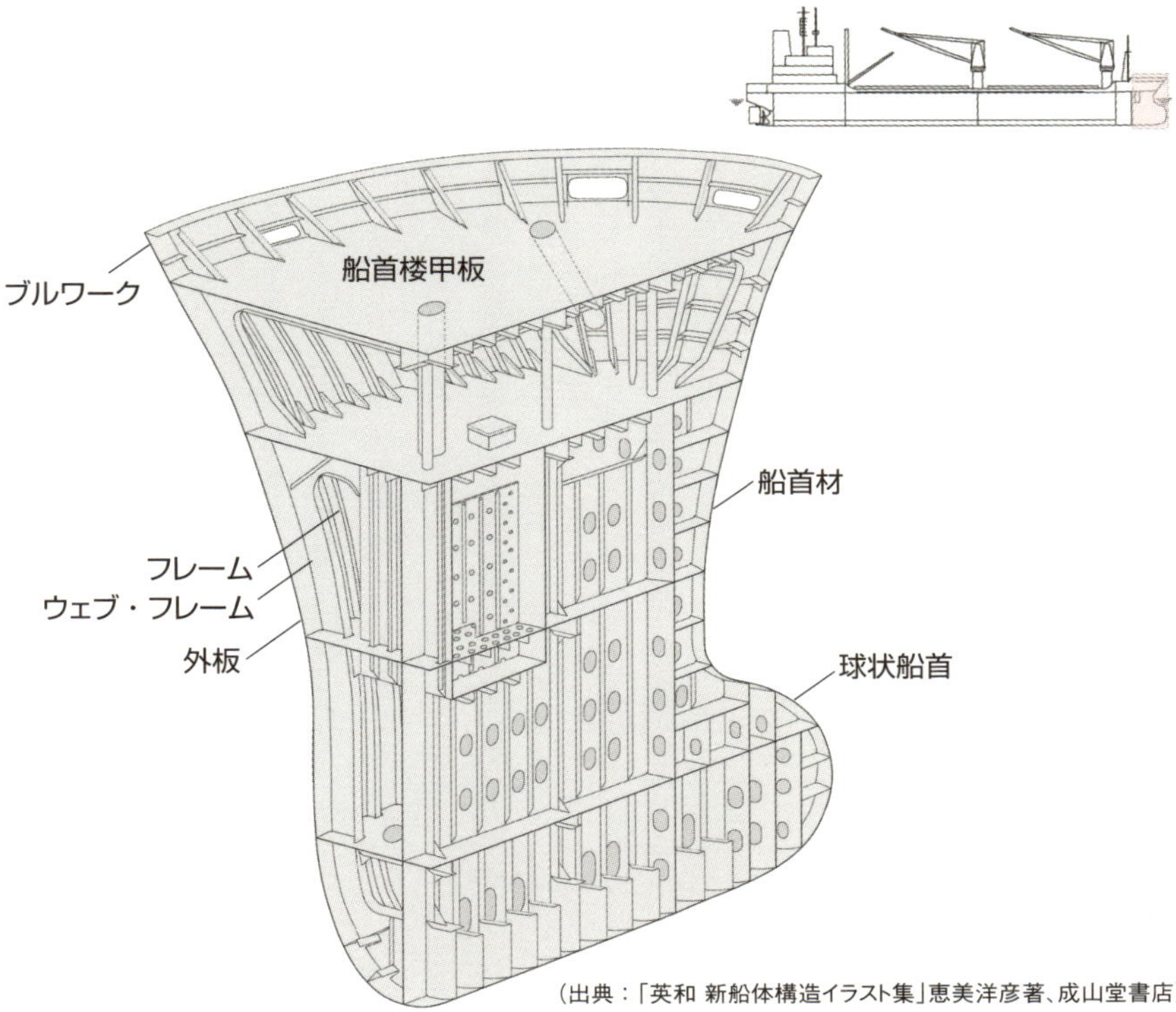

（出典：「英和 新船体構造イラスト集」恵美洋彦著、成山堂書店）

37 船の形による分類①

船の形には意味がある

波の中を走る船では、船首を波が襲います。特に走っている時に、前から波を受けると、お互いの相対速度が増して強烈なものとなります。たとえば、20ノットで走っている船は時速36㎞で、周期10秒の波を前方から受けると、波の山の速度は時速54㎞なので、その相対速度は時速90㎞にもなります。このスピードで水の塊がデッキ上に上がってくれば、人はもちろん、デッキ上のさまざまな機材を破壊しかねません。そこで、船首の部分を高くしたのが船首楼です。城の城郭のようになっているのでこの名前がついており、英語ではフォア・キャッスルといいます。

船尾を同様に高くしたのが船尾楼で、昔の帆船では巨大な船尾楼をもつ船も少なくありませんでした。これは、波の方が、当時の船のスピードより速いため、船尾から波が襲うことも珍しくなかったためです。

昔は、エンジンを船体の中央に置いた船が多く、その上部にも船楼をもっていて、船首、中央、船尾の船楼が、あたかも3つの島のように見えるので、三《み》島型《しまがた》船と呼ばれていました。この船型ではエンジンが中央にあり、その上に船員居住区とブリッジが配置されていました。これは重たいエンジンを船体の中央に配置すると、荷物の有無にかかわらず、船体姿勢をほぼ水平に保てるためです。一方、中央のエンジンから船尾のプロペラまで、長いシャフトでつなぐ必要があり、スペース的にも、エネルギー損失も大きくなるというデメリットがありました。

最近の大型船では、デッキが十分高いので、船楼のない平甲板船と呼ばれる船型が一般的になっています。また、船尾にエンジンを配置し、その上にブリッジのある船尾機関型船が多くなっています。平甲板船のデッキの上にたつ建物は、上部構造物と呼ばれていて、船楼のように外板と一体となった強度の強いものではなく、内部は操船と居住スペースとなっています。

要点BOX

- ●船首の部分を高くしたのが船首楼
- ●船尾を高くしたのが船尾楼
- ●最近の大型船は船楼のない平甲板船が多い

船首楼と船尾楼

船首楼付平甲板型船

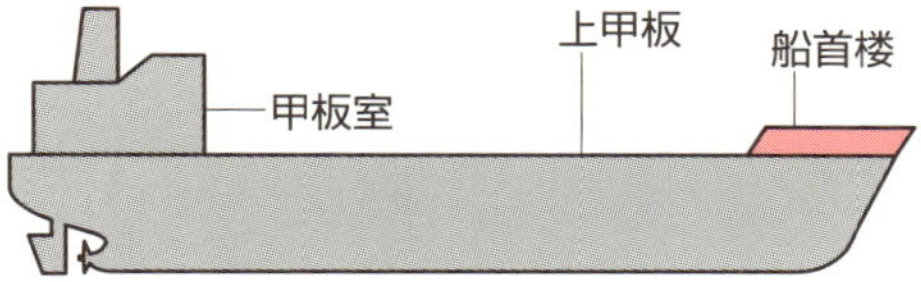

船首尾楼付平甲板型船

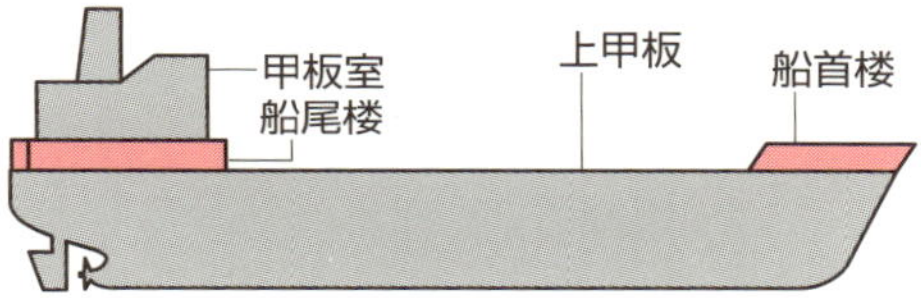

三島型船

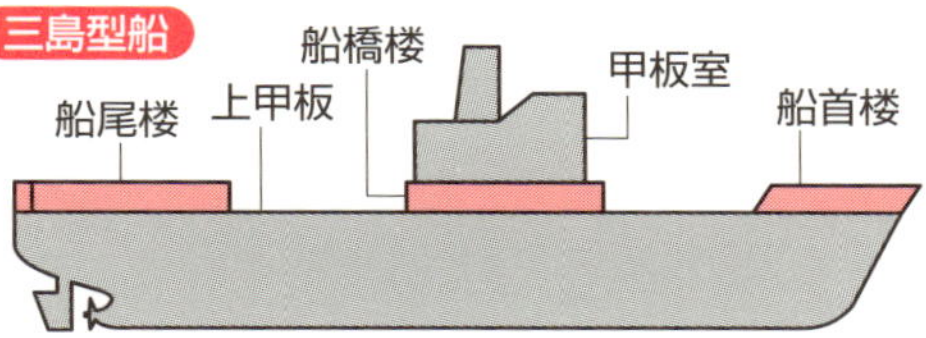

船尾機関平甲板型船

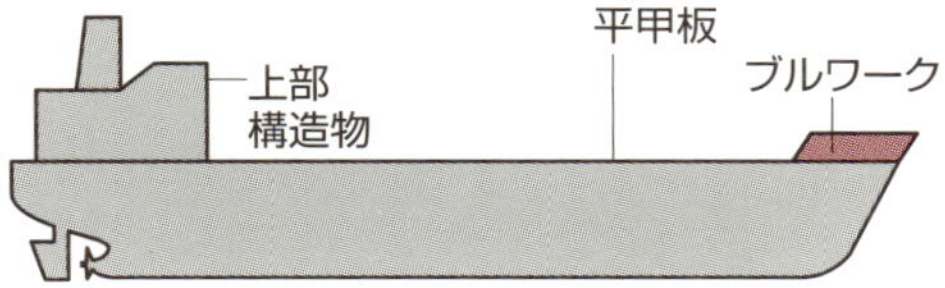

船首尾楼型船

三島型船

38 船の形による分類②

目的に沿って船の形が変わる

37項のように、最近の貨物船の多くは船尾機関型が多く、その上に上部構造物がある船型が一般的ですが、これとは違う船型をもつ貨物船もあります。たとえば、自動車運搬船やRORO貨物船では、船首部まで車両甲板が何層にもわたって積み上げられて、四角い箱型をしており、その一番船首にブリッジがあります。また旅客カーフェリーやクルーズ客船も同様です。

コンテナ船では、他の貨物船と同様に船尾機関型が多かったのですが、6000個積以上では、上部構造物が次第に前方に移動するようになりました。これは、デッキに大量のコンテナを山積みにするため、ブリッジからの前方視界が悪くなり、それを防ぐのが主な目的です。さらに1万個積以上の超大型コンテナ船では、エンジンと居住区を別にするようになり、ツーアイランダー型と呼ばれていますが、2つともに上部構造物で、船楼ではありません。この船型には、ブリッジからの前方視界の確保とともに、強度上のメリットもあります。コンテナ船は、デッキに非常に幅の広い開口をもつために、デッキの幅が狭くなり、ねじれに弱いのが大きな問題でした。このため2カ所に上部構造を配置して、その下の隔壁を頑丈にすることでねじれに強くできるのです。

船首楼をもつ代わりに、船体の甲板を船首尾が上がるように反り返らしたのをシアーといいます。荒れた海上でも、警備や海難捜査・救助を行う海上保安庁の巡視船では、強いシアーをもたせたものがあります。

船首部を前から見た時に、朝顔の花のように上に向かって開いた形がフレアです。水面上のデッキ幅を広く確保したい客船、コンテナ船、自動車運搬船などでは大きなフレアをつけています。船首が波間に沈むと浮力が働き、船首没水量を減らす効果もあるので「予備浮力」といいます。一方、海が荒れるとフレア部に波が激突して、大音響とともに衝撃的な圧力が働くフレアスラミングやパンチングが発生します。

要点BOX

- ●船内スペースを広げた箱型船型
- ●デッキ上のコンテナが視界不良の原因に
- ●波の打ち込みを防ぐシアー

箱形で船首にブリッジのある船

自動車運搬船（資料提供：今治造船）

クルーズ客船

上部構造位置の変化

視界確保のため
ブリッジを中央においたコンテナ船

ツーアイランダー型コンテナ船

シアーとフレア

小樽港に停泊する、
大きなシアーをもつ北の巡視船

大きな船首フレアをもつ
クルーズ客船

39 浮力で浮かぶか、揚力で浮かぶか

船の重さは水からの浮力と揚力で支持

水からの浮力だけで水面に浮かぶ船を「排水量型船」といいます。排水量型船は、基本的に、いくらでも大きくできます。それは、船の重さは、水からの浮力で支えられますが、いずれも体積すなわち寸法の３乗に比例するので、どのような大きさでも両者が釣り合うためです。一方、飛行機のように重さを支えるのが揚力の場合には、揚力が翼の面積すなわち寸法の２乗に比例するため、３乗に比例する重量をある大きさ以上では支えられなくなります。すなわち、大きさに限界があるのです。飛行機が長い間ジャンボジェットが一番大きかったのは、この理由によります。

船は大きいほど、相対的に抵抗が小さくなるのでエネルギー効率が良くなります。すなわち少ないエネルギーでものを運べるようになります。タンカーでは、一時、１００万載貨重量トンの巨大船まで造られようとしましたが、石油需要の低下と、通れる海峡が限られるなど社会的要因で実現していません。

一方、コンテナ船やクルーズ客船では大型化が進み、全長３６０ｍ、60ｍ、高さ72ｍという巨大船が登場しています。東京駅ビルよりも長く、高さは2倍以上の巨大な建物が、海に浮かび、時速40km近くのスピードで走るのですから、その迫力は驚くばかりです。

浮力以外の力も利用しているのが高速船です。モーターボートのような小型高速船は、船首を少し上げて船底に揚力を働かせて、その力で船体を持ち上げて抵抗を減らして高速で走ります。浮力が揚力より大きい船を半滑走型船、ほとんどの重さを揚力で支える船を滑走型船と呼びます。水中に沈めた翼に働く揚力で船体を完全に水面上に持ち上げて、水抵抗をなくして高速で航行するのが水中翼船です。いずれも揚力を利用しているので、飛行機と同様に大きさの限界があり、小型船に限られます。また、前進速度がないと揚力が働かないので、高速で走り続けることが必要です。

要点BOX

- 浮力だけで浮かぶ排水量型船
- 船底に揚力を発生させる半滑走型・滑走型船
- 水中の翼の揚力で完全に浮上する水中翼船

船体重量を支える浮力と揚力

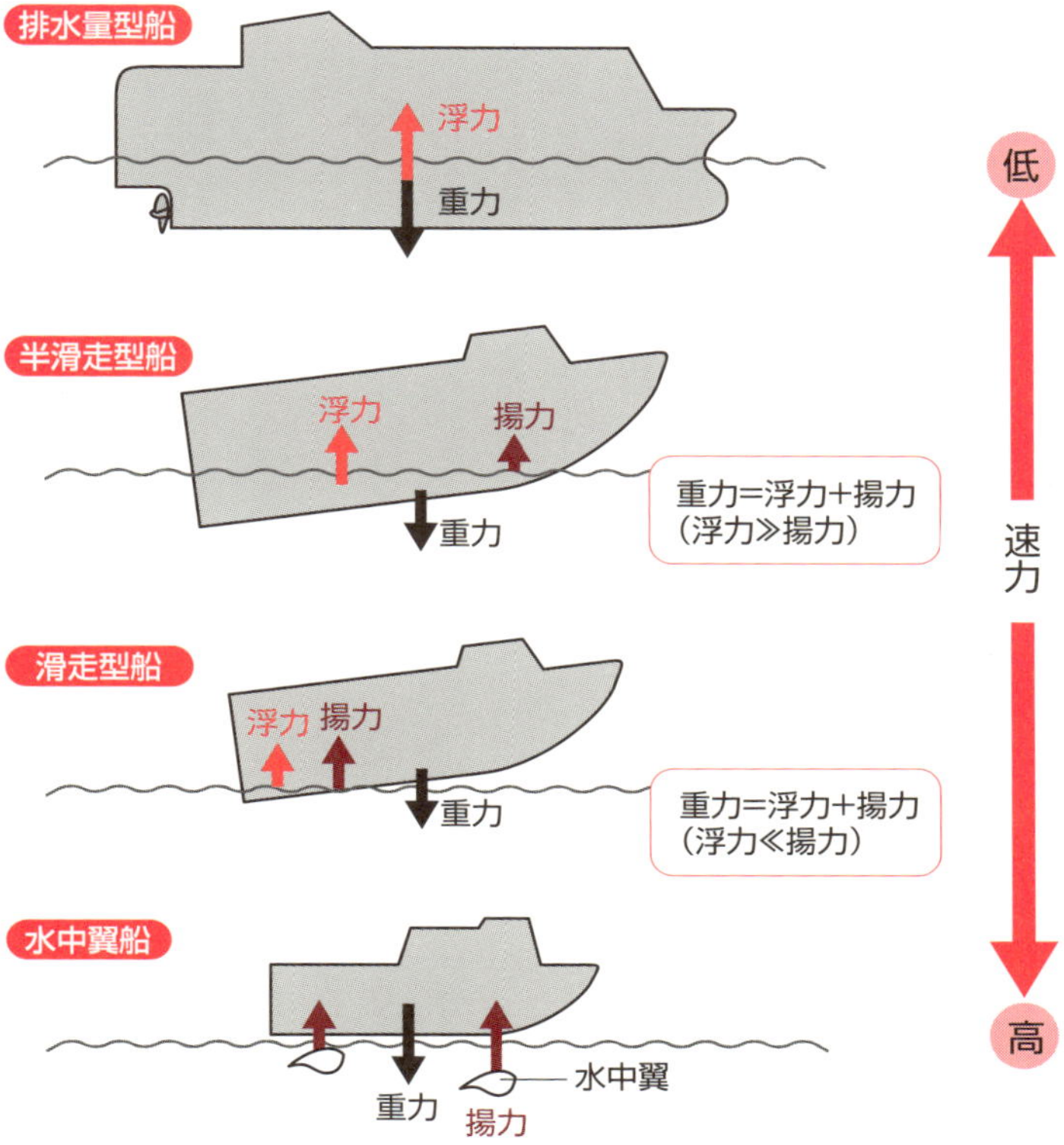

水面下に沈む水中翼に働く揚力で船体を完全に浮き上げて高速で走行する水中翼船「ジェットフォイル」

船底に働く揚力で少し浮き上がって高速で航走する半滑走型高速船

40 大事な水面下の船の形

ひときわ大事な船型学という学問分野

海に浮かぶ船をみても水面下の形が見えませんが、この水面下の船の形こそ、その船の性能を決める大事なキーとなっています。

この水面下の船の形を「船型」といい、この船型についての研究は、船舶工学の中でもひときわ大事な船型学という学問分野となっています。

まず、船型はスピードによって大きく異なります。このスピードは学問的には、12項で説明したようにフルード数で評価され、フルード数が0・3を超えると造波抵抗が急増するので、痩せた高速船型を採用しなくてはなりません。長さの幅の比は7〜9と、幅に比べて非常に長い細長い形にして、さらに船首の水面付近を鋭くして、波がたたないようにします。船体の痩せ具合は、水面下の船体容積、すなわち排水容積を、長さ×幅×喫水の立方体容積で割った方形係数（C_b）で表し、高速船型の場合にはこの係数が0.5〜0.6くらいの値となります。

護衛艦などの高速軍艦、高速カーフェリーやローロー貨物船、自動車運搬船などが、こうした痩せ形の船型をしています。さらに船首の造波抵抗を減らすために、それぞれの航海速力に合わせた最適な球状船首が取り付けられます。こうした細長い船型は、復原力が不足しがちになるので、安定性に関する慎重な検討が必要となります。

一方、大型のタンカーやばら積み貨物船では、フルード数が0・13〜0・15程度と低く、波を起こすことによる造波抵抗は小さく、摩擦抵抗などの粘性抵抗が抵抗のほとんどを占めるようになるため、船首部は丸く、ずんぐりと太っており、方形係数は0.8〜0・85となり、肥大船と呼ばれます。直方体から15〜20％だけ体積を削っただけなので、箱型に近く船尾で流れが剥離しやすく粘性圧力抵抗が増える可能性があります。そこで剥離をしないように、慎重に船尾の絞り方を決定する必要があります。

要点BOX

- 船型はスピードによって大きく異なる
- 護衛艦などの高速軍艦、高速カーフェリーは痩せ形
- 細長い船型は、復原力が不足しがちになる

水面下での船の形を表すC_b

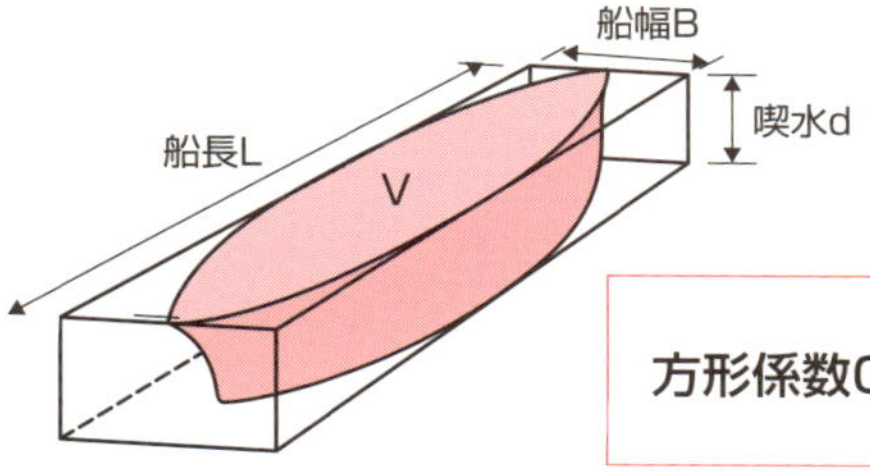

$$\text{方形係数}C_b = \frac{V(\text{排水容積})}{L \times B \times d}$$

高速船型
（フルード数>0.25）

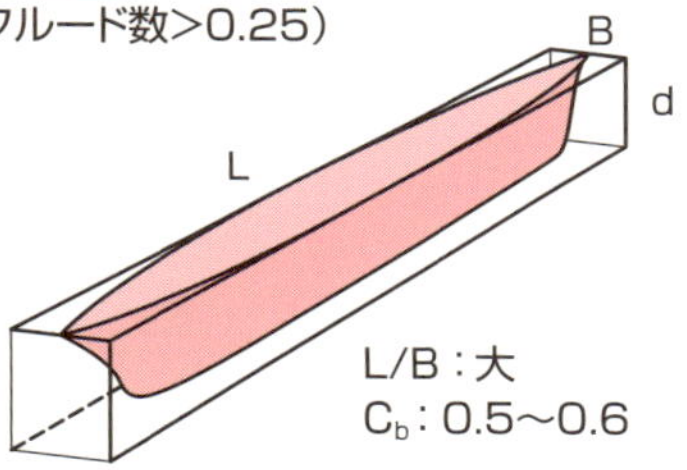

低速船型
（フルード数<0.15）

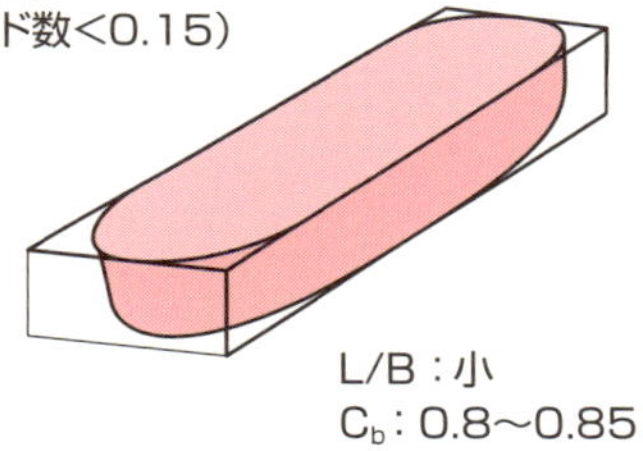

高速船型と低速船型の船首形状の違い

高速コンテナ船

低速ばら積船

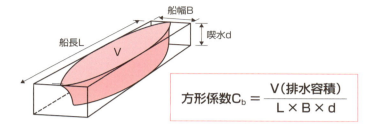

41 水面上船体に働く風圧抵抗を減らせ

空気抵抗を減少させるための試み

水面上の船の形は、11項でも述べたように流線型にすると風圧抵抗が減少します。しかし、空気の密度は水の1／800なので、圧倒的に水抵抗の方が大きく、風圧抵抗は長い間あまり注目を集めませんでした。しかし、1970年代のオイルショック後や、2000年代の1バレルあたり100ドルを超える原油価格の高騰時には、たとえ1％でも燃料を減らすことが必要とされ、空気抵抗にも再びスポットライトがあたりました。

大型貨物船では、立方体に近い上部構造をもつのが普通でした。しかし、船員の数は船の大きさによってほとんど変わらないため、大型船になるほど居住スペースは相対的に小さくなります。そこで、上部構造を前後方向に細長い形状にして風圧抵抗を減らすようになりました。さらに上部構造の後端部を斜めにカットして流線形に近い形にして、空気抵抗を減らす船も現れました。後部を斜めにカットすることで、正面からの風による空気抵抗が大幅に減少するだけでなく、横風で上部構造が推進力を生むという効果もあります。また、上部構造の位置も風圧抵抗に大きな影響をもちます。、船首にあるほど、またその形が球状な形状の方が低い風圧抵抗になることも明らかになってきました。

九州の下関にある旭洋造船では、球状の船首構造を船首にもつユニークな船型の自動車運搬船、内航コンテナ船を建造して話題を集めています。

この他にも風圧抵抗を減らすさまざまな試みがなされています。最近の大型コンテナ船では、デッキ上に大量のコンテナを積載しています。まさに箱型のティッシュボックスのような形状となり、風圧抵抗を減らすことが燃費削減に効果があることから、船首にドーム状の風防をとりつけたり、船首のブルワークに傾斜をつけて風が最前列のコンテナの前面に直接当たらなくしたりして、風圧抵抗を低減しています。

要点BOX

- 船の形を流線型にすると風圧抵抗が減少する
- 原油消費の効率化で空気抵抗にスポット
- 球状の船首上部構造をもつユニークな船型も

上部構造を流線形に

今治造船の開発した「上部構造エアロシタデル」は、徹底した流線型形状で風圧抵抗を減らし、かつ海賊の侵入も防いだユニークさで、シップ・オブ・ザ・イヤーを受賞した。

上部構造物の位置で風圧抵抗が減少

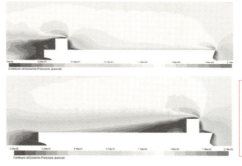

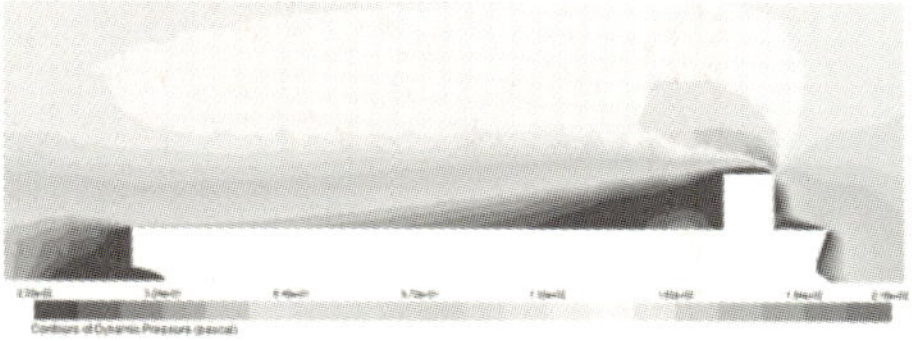

CFDで計算した船のまわりの風の流速分布。船首に上部構造があると風圧抵抗は約20%も減少することがわかった。

船首の丸い上部構造で風圧抵抗激減

著者らの研究室で開発したノンバラストタンカーでは船首に流線型の上部構造を置き、風圧抵抗は約50%低減させることに成功した。

旭洋造船は、丸い船首ブリッジの自動車運搬船「City of St Petersburg」で、2010年のシップ・オブ・ザ・イヤーを受賞。
（資料提供：旭洋造船）

Column

アンクルトリスは大の船好き

サントリーのアンクルトリスをご存知でしょうか。トリスウィスキーの宣伝用キャラクターで、作者は柳原良平画伯です。以下、親しみを込めて「良平さん」と呼びます。

良平さんは大の船好きで、いろいろな船に乗船して乗船記を執筆し、たくさんの船の本と船の絵を残しています。中でも、伊豆諸島航路に就航する東海汽船の高速船ジェットフォイルや貨客船「橘丸」の外装デザインは、良平さんが実物の船まで手掛けた傑作といえそうです。東京港の竹芝桟橋に行くと、これらの船を見ることができますので、ぜひ、お出かけください。

著者の大学時代の恩師である池田勝先生も大の船好きで、若いころから良平さんと親交がありました。そうした関係で良平さんと親しくさせていただきました。

著者が所属していた造船関係の学会である関西造船協会が、2005年に国内の2学会と統合して日本船舶海洋工学会として再出発することが決まった時に、良平さんに記念の絵をお願いしました。良平さんは快く引き受けてくれ、2枚の造船所で建造される船の絵を描いてくれました。また、著者が日本船舶海洋工学会の役員としてシップ・オブ・ザ・イヤーの担当になった時には、良平さんが選考委員長を務めておられ、「池田君。最近は応募作品も少なく、造船所の技術者に船に対する愛情が薄れてきたようだね」との苦言もいただきました。急いで、部門賞なども設けて改革し、今ではたくさんの応募があるようになりました。

良平さんは、残念ながら2015年にお亡くなりになりました。天国からも、きっと船の姿を追い続けているに違いありません。

柳原良平画伯による関西造船協会廃止記念の「造船所の絵」

第5章

船の推進

42 人力ではオールが一般的

櫂と櫓の原理

エンジンがない時代には、船は人の力や風の力を利用して走っていました。

まず人力で船を走らせる原理から説明しましょう。人力ではオールが一般的で、日本語では櫂《かい》です。公園のボートやボート競技ではオールが使われます。オールが水の中で推力を発生する原理は、水の中を板がその面を動く方向と直角に向けた状態で動くときに働く抗力を、船の推進力として使っているのです。板の前面では流れが妨げられることで圧力が高くなり、板の背後には大きな渦ができて圧力が下がります。この前面と後面での圧力の差が抗力を生みます。この抗力は、水の密度と板の面積に比例し、さらにオールの運動速度の2乗にも比例します。

また、抗力係数と呼ばれる係数にも比例し、この抗力係数は物体の形によって異なります。板の抗力係数はだいたい2ですが、厳密にはレイノルズ数というパラメータにも関係しています。速度の2乗に比例するので、速度を2倍にすると4倍の抗力が、速度を3倍にすると9倍の抗力が働きます。オールを戻すときには、空中に出して水からの抗力を受けないようにすることで一定方向の推力が得られます。

もう1つの人力は櫓です。櫓《ろ》は、オールと同じく平板を水の中で動かしますが、一般に船尾から、先が平板上になった艪を水中に沈め、左右に楕円もしくは8の字を描くように動かします。常に水中で動かしており、板が水中で斜めに動かすことで揚力を発生させています。この揚力が常に船を進める方向に働くように、運動方向が変わる時にひねって傾きを変化させます。

この艪の揚力も、水の密度と板の面積、速度の2乗、そして揚力係数に比例します。

揚力係数は抗力係数より大きいことと、常に水中で動かしていて無駄がないことから、オールよりも効率が良いといわれています。

要点BOX

- 人力で船を走らせる原理
- 板の前面と後面での圧力の差が抗力を生む
- 抗力は水の密度と板の面積に比例する

抗力または揚力を使って進む人力船

オールがたくさんある人力船。1つずつのオールを複数の人間が漕ぐ。

櫂《かい》（オール）の原理

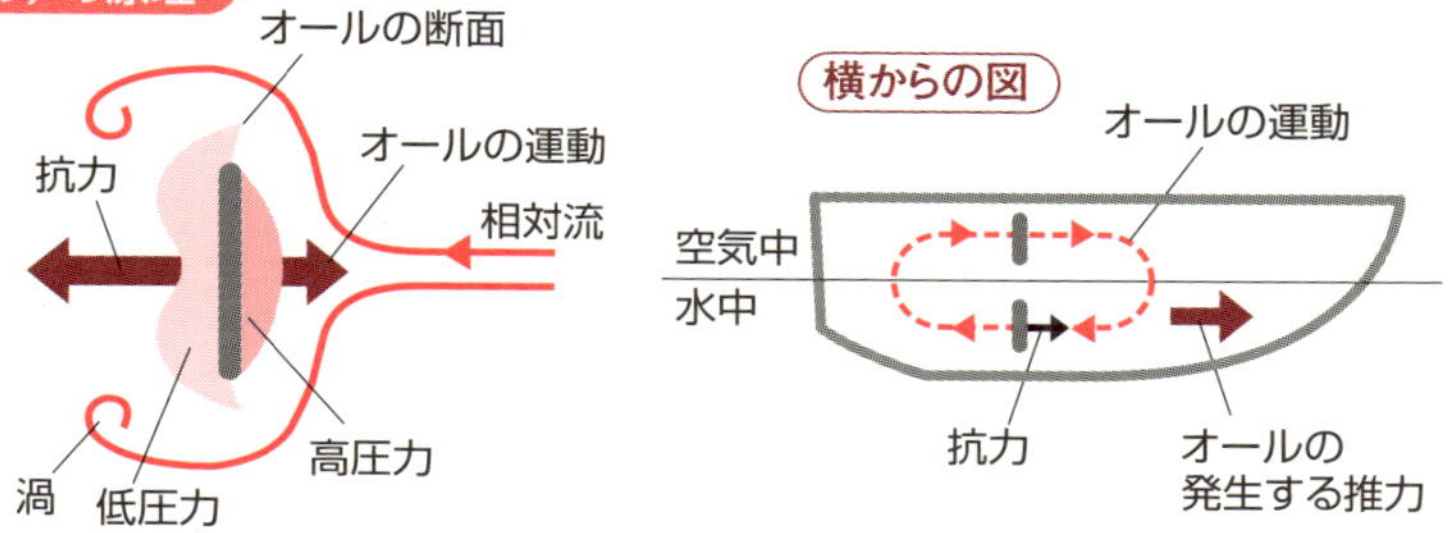

$$\text{抗力} = \frac{1}{2} \times \text{密度} \times \text{面積} \times \text{運動速度}^2 \times \text{抗力係数}$$

櫓《ろ》の原理

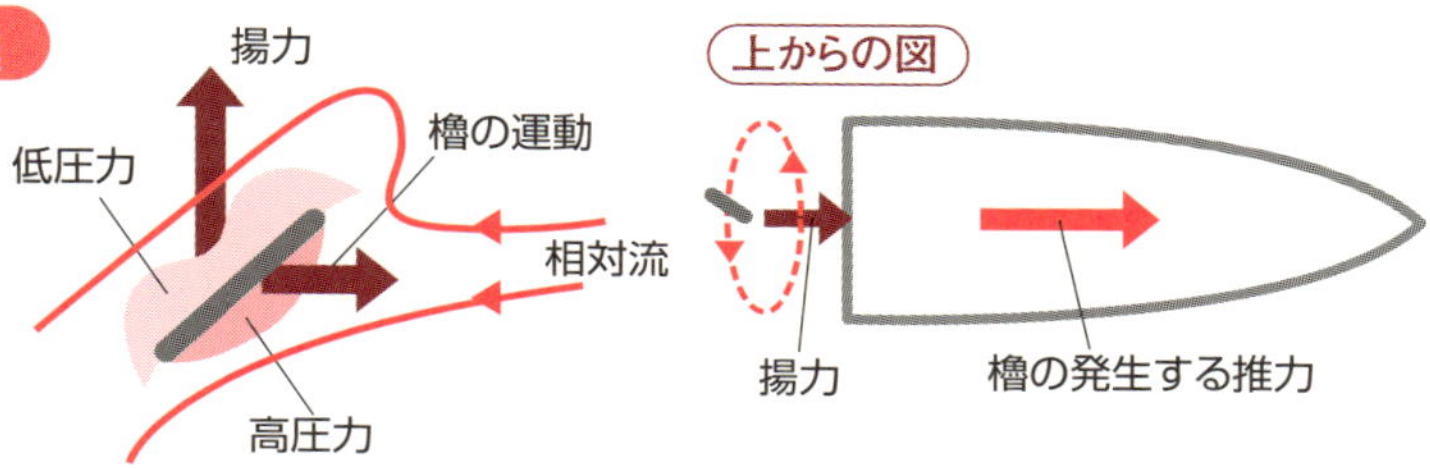

$$\text{揚力} = \frac{1}{2} \times \text{密度} \times \text{面積} \times \text{運動速度}^2 \times \text{揚力係数}$$

43 風の利用

帆によって風から船を走らせる推力を得る

風からは、帆によって船を走らせる推力を得ることができます。

帆による推力は、風の方向によって発生原理が異なっています。後ろからの風の場合には、帆に働く抗力を推進力としています。風が帆に当たると、後面には高い圧力が、前面には渦が発生して圧力が低下して、この圧力差が後ろから船を押す推力となります。推力は、空気の密度、帆の面積、風速の2乗、そして帆の抗力係数に比例します。人力の櫂が推力を出すのと同じですが、空気は密度が水の約800分の1なので、推力も800分の1となります。したがって大きな面積にしなければ十分な推力が得られないこととなります。

横からの風の中でも、船は推進力を得ることができます。帆を斜めにすると、風によって揚力が発生します。この揚力の船首方向の力の成分が、船を前進させる推力となり、横方向の力の成分は船を横流れさせる力になります。揚力係数は、抗力係数よりも大きくなるので、抗力を利用する後ろからの風よりも、揚力を利用する横からの風の方が船は早く走ることができます。

帆の欠点は、前からの風では推力が出せないことです。帆の種類にもよりますが、前方から約±45度の範囲の風では推力が得られません。このような前方からの風の場合には、船の針路を変えて風が45度程度から当たるように、ジグザグに航海することで、風上の目的地に向かいます。

帆船は、細長い船体と大きな帆をもつクリッパー型と呼ばれる船が登場して最盛期を迎え、5000総トンまで大きくなりました。強風の中では17ノットという高速記録も残っています。しかし、風がなければ帆船は走れないために、スケジュールを守っての運航が難しく、次第に蒸気機関を積む汽船に役割を譲り、現在ではレジャーとしての帆船が中心となっています。

要点BOX

- 推力は風の方向によって発生原理が異なる
- 推力は空気の密度、帆の面積、風速の2乗に比例
- 帆の欠点は前からの風では前進できないこと

帆に働く抗力を推進力：後ろから風を受ける場合

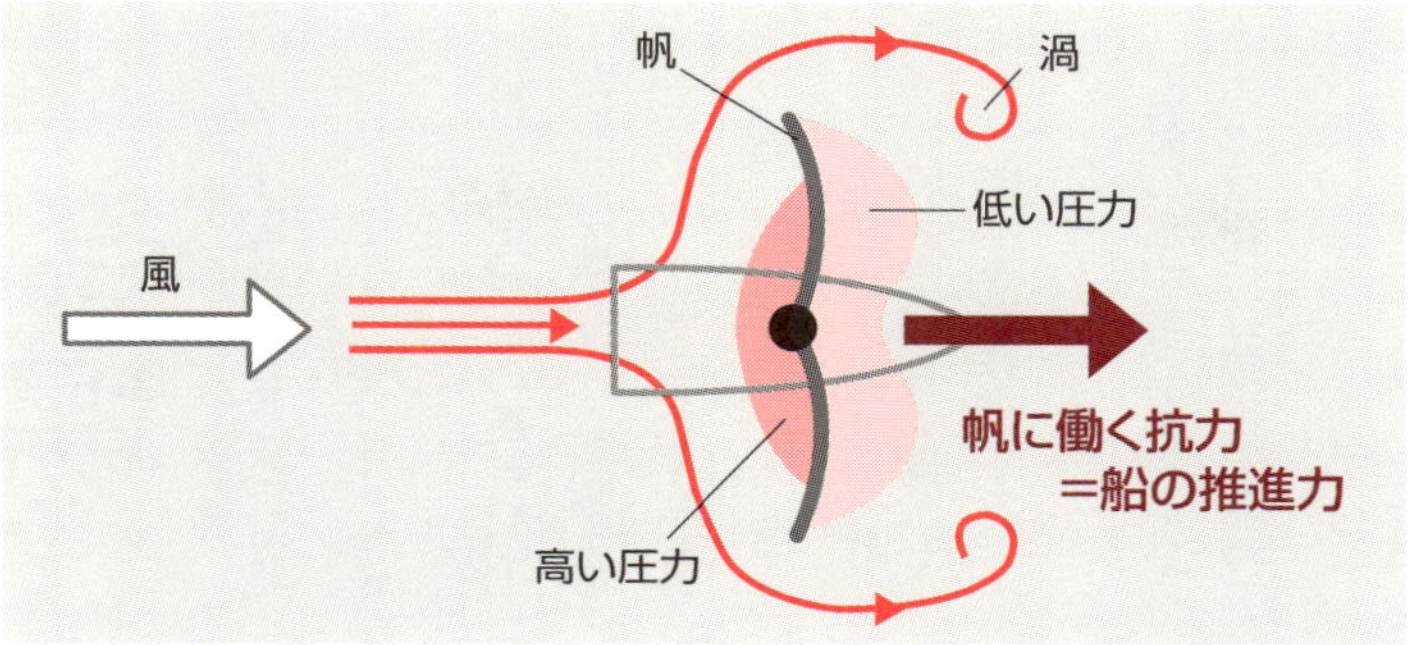

帆を斜めにすると揚力 が発生: 横から風を受ける場合

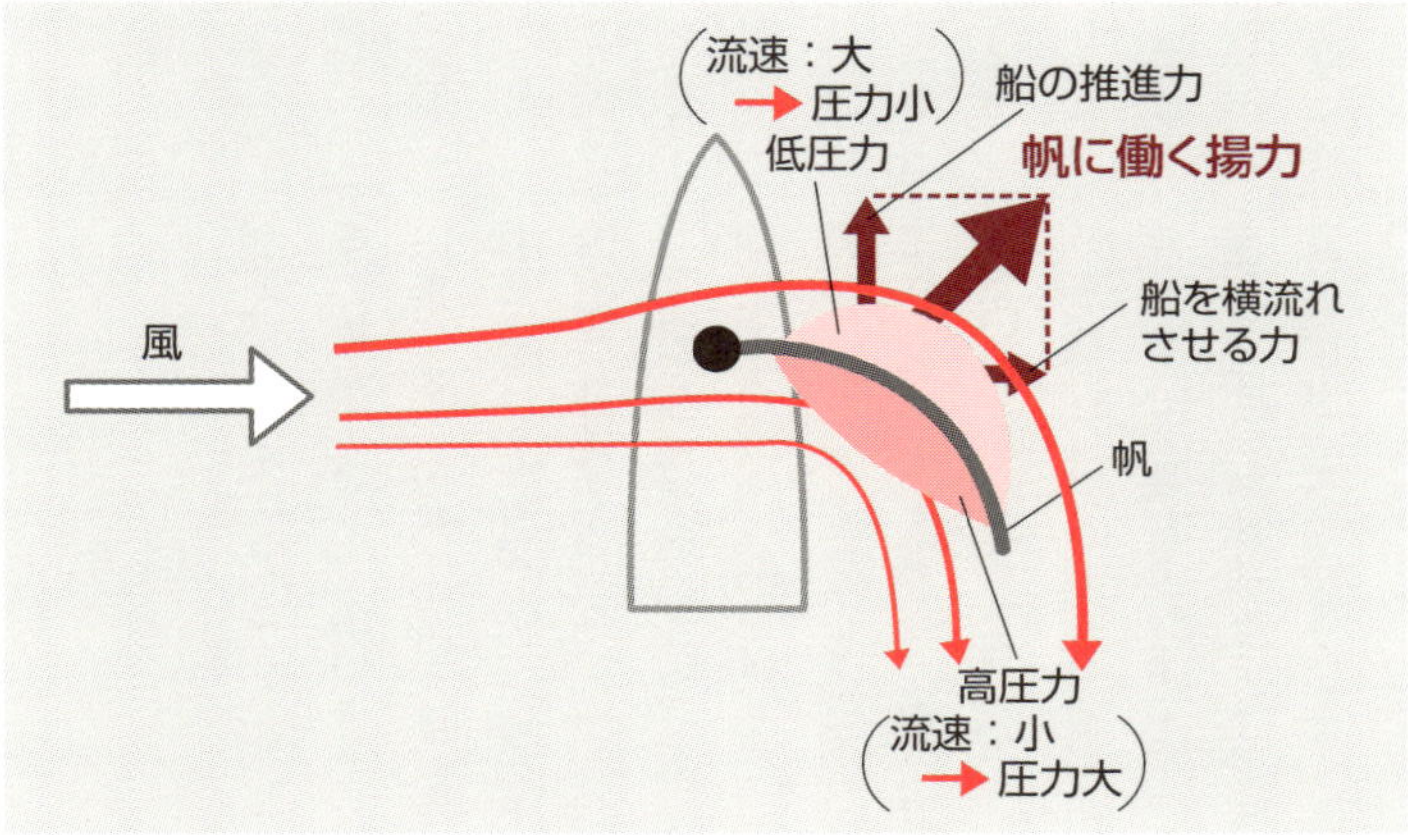

風上にある目的地に向かう方向

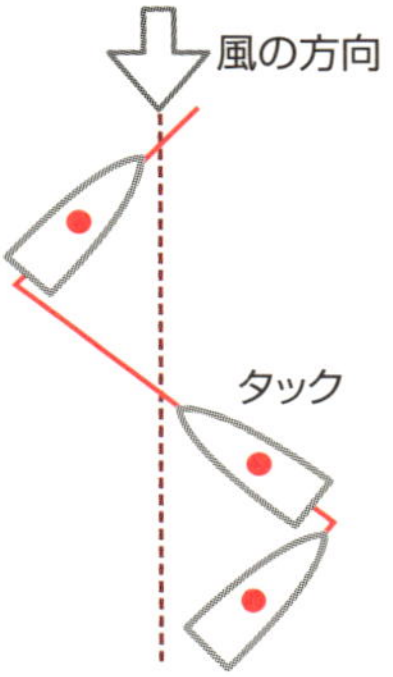

44 スクリュープロペラの登場

プロペラが推進力を生む原理

蒸気の力で仕事をさせる蒸気機関が実用化されて、鉱山での排水、繊維の折り機、鉄道の機関車などが、機械で動かされるようになり、１９８０年頃には、船でも蒸気機関を搭載した蒸気船が登場しました。船を動かすための推進力は、船側または船尾に付けた大きな水車を回して、その外縁に取り付けられたパドルに働く抗力から得ており、外輪（車）船と呼ばれました。

続いて、スクリュープロペラが考案されます。スクリューはネジ、プロペラは推進器の意味で、管内でネジを回転させると水を送り出すことのできるアルキメデスの発明のスクリュー・ポンプにその原点があったといいます。開発の途中で、ネジの部分が欠けて、扇風機の羽根のような短い数枚の羽根を回転軸に取り付ける方が効率が良いことがわかり、現在のような形になりました。現在は、翼の数は3~6枚です。

外輪とスクリュープロペラ（以下プロペラと略記）のどちらが効率が良いかはなかなか決着がつきませんでしたが、１９４５年にプロペラと外輪を推進器とする2隻の船が、海上で綱引きをしてプロペラの方が勝ち、以来、多くの船にプロペラが推進器として取り付けられるようになりました。プロペラは水中に没していて、海上からは見えないことから「暗車」とも呼ばれます。

プロペラが推進力を生む原理は、扇風機と同様で、回転する羽根に働く揚力で、速い水流を船の後方に押し出し、その反力を利用して推進力を得ています。これを言い換えると、羽根に働く揚力が推進力を生んでいるともいえます。

羽根に揚力を働かせるためには、流れに対して迎角をもつ必要がありますが、この迎角は回転による速度と船の前進速度の比で決まり、回転数が小さいほど迎角は大きくなります。この結果、大きな直径のプロペラをゆっくり回すほどプロペラの効率が良くなります。大型貨物船では、プロペラの回転数は毎分１００回転前後です。

要点BOX

- ●外車は抗力で推力を生む
- ●プロペラは揚力で推力を生む
- ●プロペラはゆっくり回すほうが効率が良い

蒸気船の推進器として取り付けられた外車

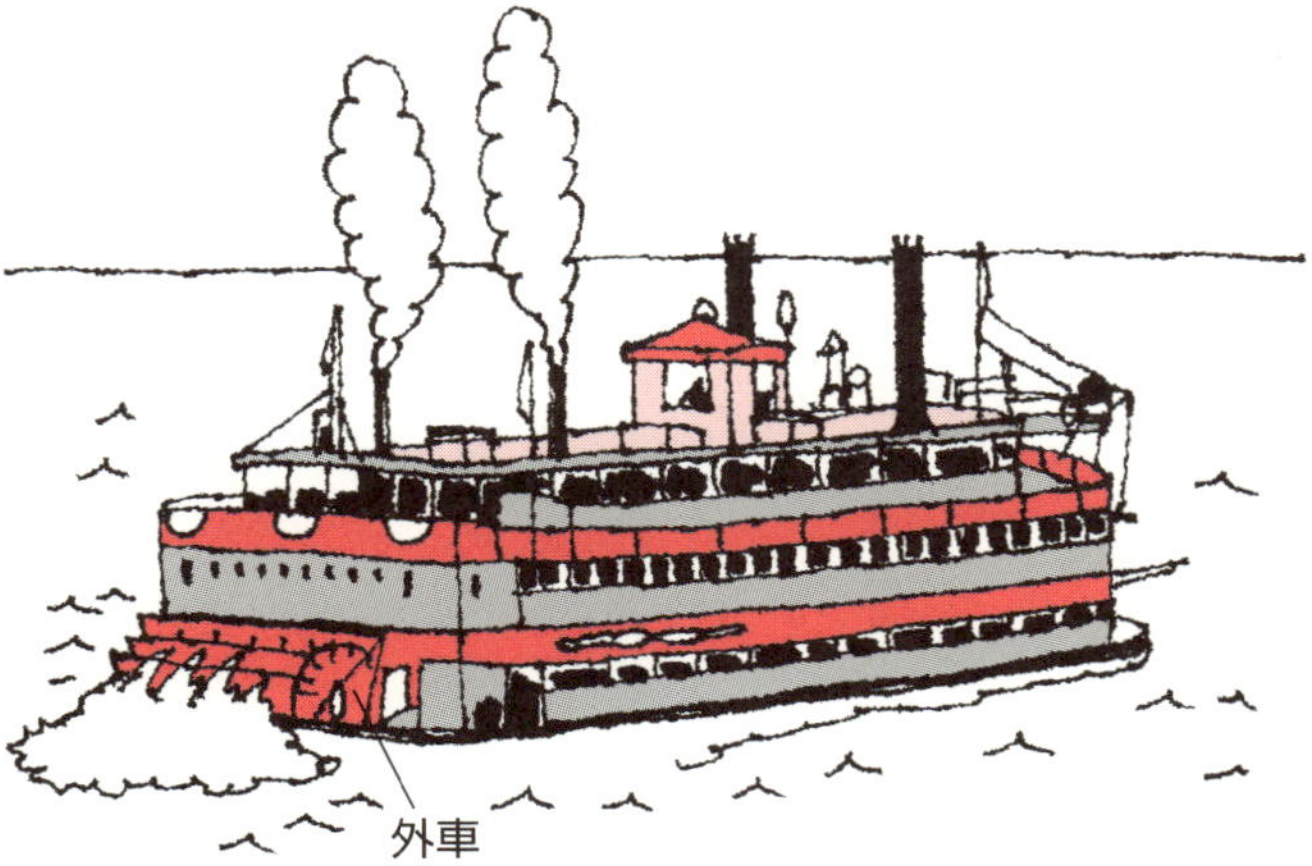

スクリュープロペラが推進力を生む

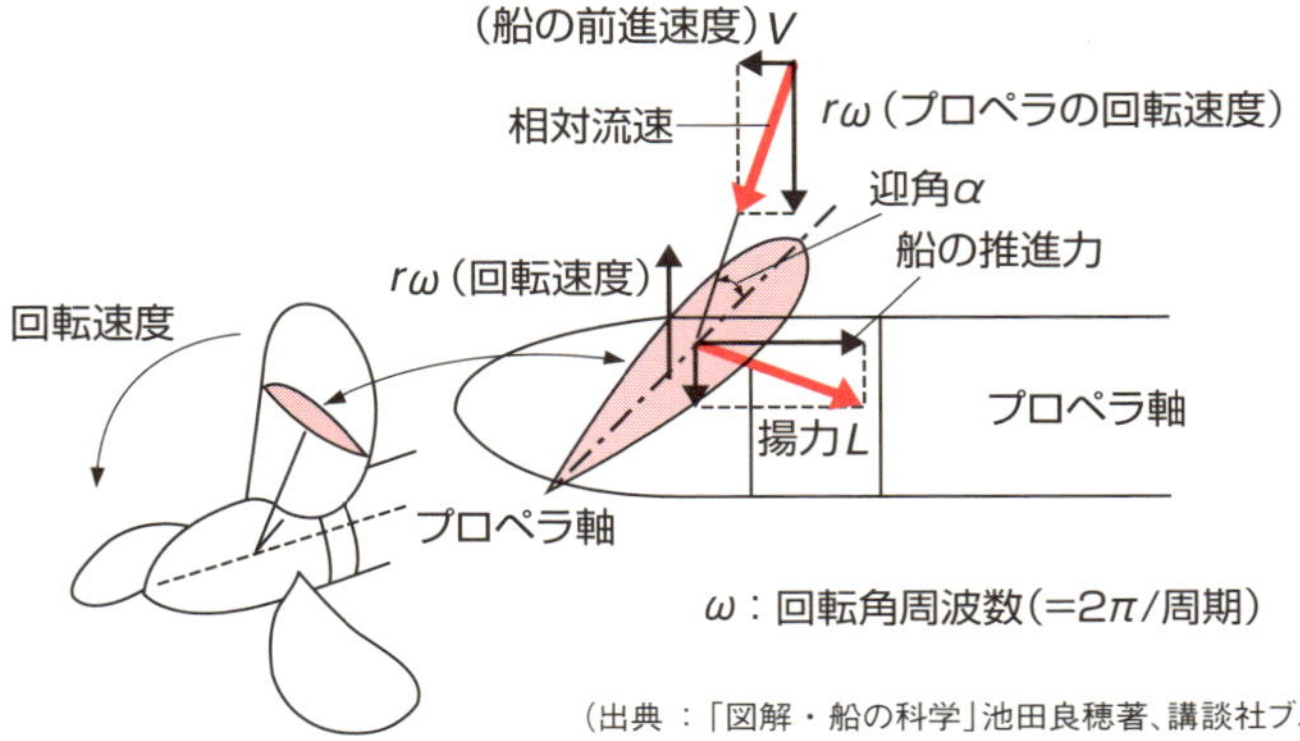

（出典 ：「図解・船の科学」池田良穂著、講談社ブルーバックス）

外車船とスクリュープロペラ船の綱引きで、スクリュープロペラ船が勝利して、スクリュープロペラの普及が進んだ。

45 プロペラが船尾にあるのはなぜか？

船体の周りに生ずる境界層の利用

船のプロペラは、ほとんどの場合に船尾にあります。プロペラ飛行機が機首にプロペラがあるのと対照的です。これは船体の周りに、摩擦抵抗によって生ずる境界層を、推進効率増加のために利用しているためです。

航行する船体の周りには、船体表面との摩擦で運動エネルギーを失った遅い流速の境界層が船首から発達し、次第に厚くなります。これを「伴流」と呼び、英語ではウェーク(wake)といいます。プロペラの翼に当たる流れの迎角は、回転数が一定であれば、船体の進行方向の流れが遅いほど大きくなって揚力が増します。すなわち、プロペラに流入する流れが遅いほど効率は良くなり、船体の周りでもっとも遅い場所が、境界層が十分に発達した船尾なのです。空気中を高速で飛ぶ飛行機では、境界層があまり発達せず薄いため、境界層をプロペラの推進効率向上に使うことができません。

境界層は、摩擦力が働くことで生まれますが、その力によって失われたエネルギーを使って船では推進効率を向上させているのです。すなわち、プロペラを船尾のウェークの中で稼働させることにより、抵抗で失われたエネルギーの一部を回収しているとみることもできるのです。

このためプロペラ位置でのウェークを正確に推定することは、船の性能を把握するためには欠かせません。このため、船の建造の前に行う試験水槽での模型実験では、抵抗試験だけでなく、プロペラの力で推進させる自航試験という実験も行われます。この実験で、船尾でのウェークがプロペラの推進力に与える影響を見積ることができます。この自航試験では、プロペラが船体周りの流れを加速することによる摩擦抵抗の増加などの影響も同時に把握することができ、これを「推力減少効果」といいます。こうして船体とプロペラの織り成す複雑な流体の相互干渉効果が明らかにされます。

要点BOX

- ●船の周りに流速の遅い境界層が発達
- ●プロペラに流入する流れが遅いほど効率は良い
- ●境界層の中でプロペラの効率が上がる

船尾にある船のスクリュープロペラ

船尾にある船の
スクリュープロペラ
（資料提供：ジャパンハムワージ）

機首にある飛行機のプロペラ

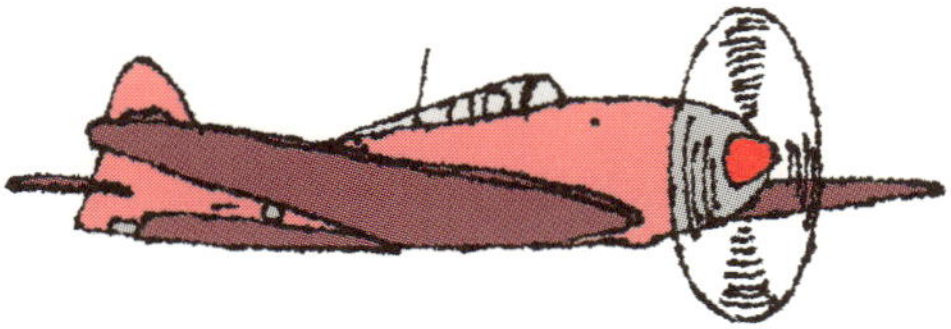

空気中を高速で飛ぶ飛行機では境界層が薄く、推進力に利用できないので、プロペラを機首に配置

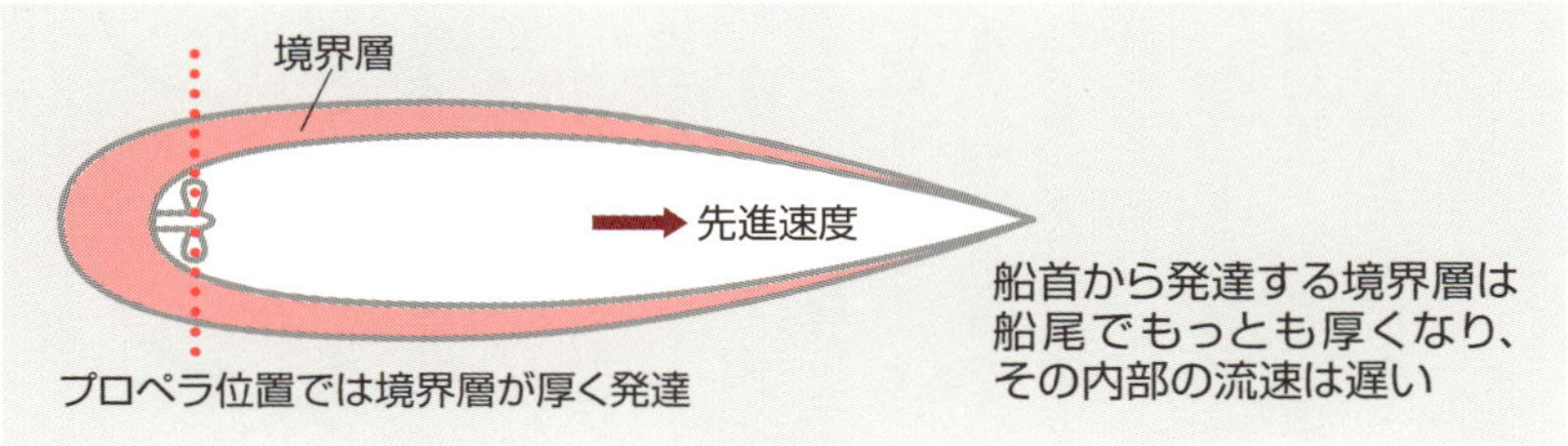

船首から発達する境界層は船尾でもっとも厚くなり、その内部の流速は遅い

プロペラに流入する流れの速度分布

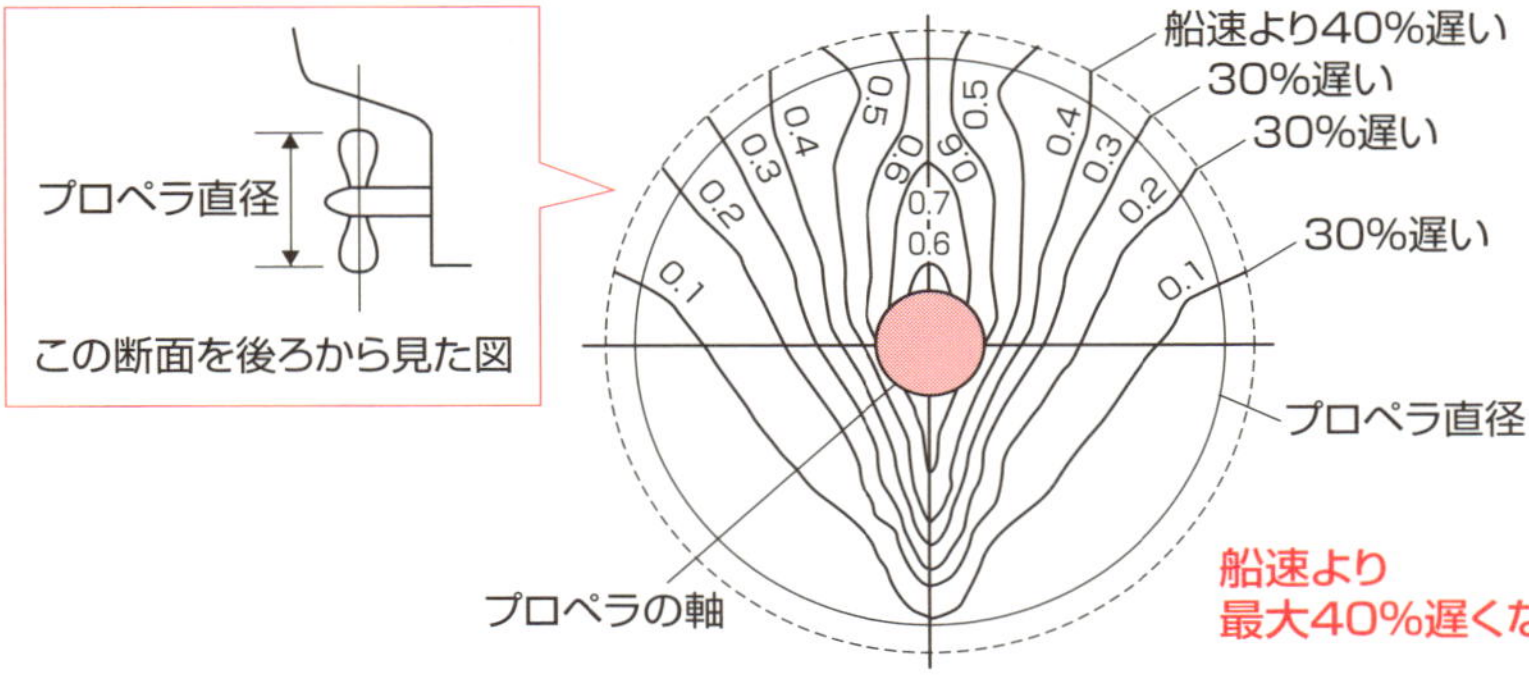

船速より
最大40%遅くなっている。

境界層内の遅い流れであるウェーク中でプロペラを作動させせると推進力が増えて、プロペラの効率が上がる。

（出典：「図解・船の科学」池田良穂著、講談社ブルーバックス）

46 怖いプロペラキャビテーション

圧力が低下して、気泡が発生する現象

高速で回転するプロペラの外端付近で、圧力が低下して、気泡が発生する現象をプロペラキャビテーションといいます。この気泡は、水中での圧力が飽和蒸気圧より低下することによって発生するもので、水を熱して沸騰すると水の中から気泡がブクブクと上がるのと同じ現象です。

このキャビテーションで発生した気泡がプロペラ付近で崩壊すると、強いジェット流が発生して、その衝撃力がプロペラ表面をボロボロに侵食するプロペラエロージョンという現象も起こしますし、プロペラ性能の低下、激しい振動なども発生します。

このプロペラキャビテーションを把握する実験も、船を造る前に行います。水が水路中を高速で回流する特殊な水槽で、圧力も実際のものを模擬して低下させ、その水流中でプロペラ模型を回転させて、キャビテーションの発生状況を確認し、プロペラの羽根の翼型の改良を行います。

このキャビテーションを減らすために開発されたのが、先端が弓なりに曲がった形状の翼をもつハイスキュー型のプロペラです。この形状でキャビテーションを抑えることができて、船体振動を低減できるという特性があります。

高速船では、大きな推力を得るために、プロペラを非常に高い回転数で回すので、キャビテーションから逃れることはできません。そこで、翼面全体をキャビテーションで覆うスーパー・キャビテーティング・プロペラや、プロペラをポンプの中に入れて高い圧力で噴出するウォータージェット推進器が用いられます。

ウォータージェット推進器は、船底などから海水を吸い込み、ポンプ内部のインペラーと呼ばれるプロペラで圧縮して高圧にして、ノズルから高速の噴流として後方に吹き出して推進力を得ます。30ノットを超える高速船では、ウォータージェット推進を採用する傾向にあります。

要点BOX
- 飽和蒸気圧より低下すると気泡が発生
- スキューでキャビテーションを防止
- 30ノットを超えるとウォータージェット推進

プロペラ後方にらせん状にできるキャビティの流れ

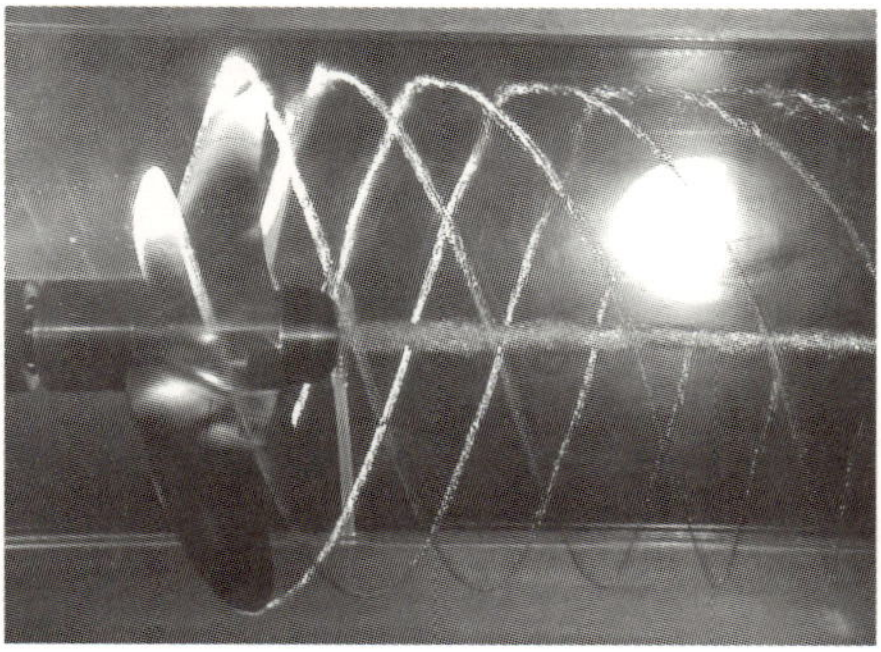

キャビテーション水槽での実験。プロペラ先端から発生した気泡がらせん状に後方に流れている。

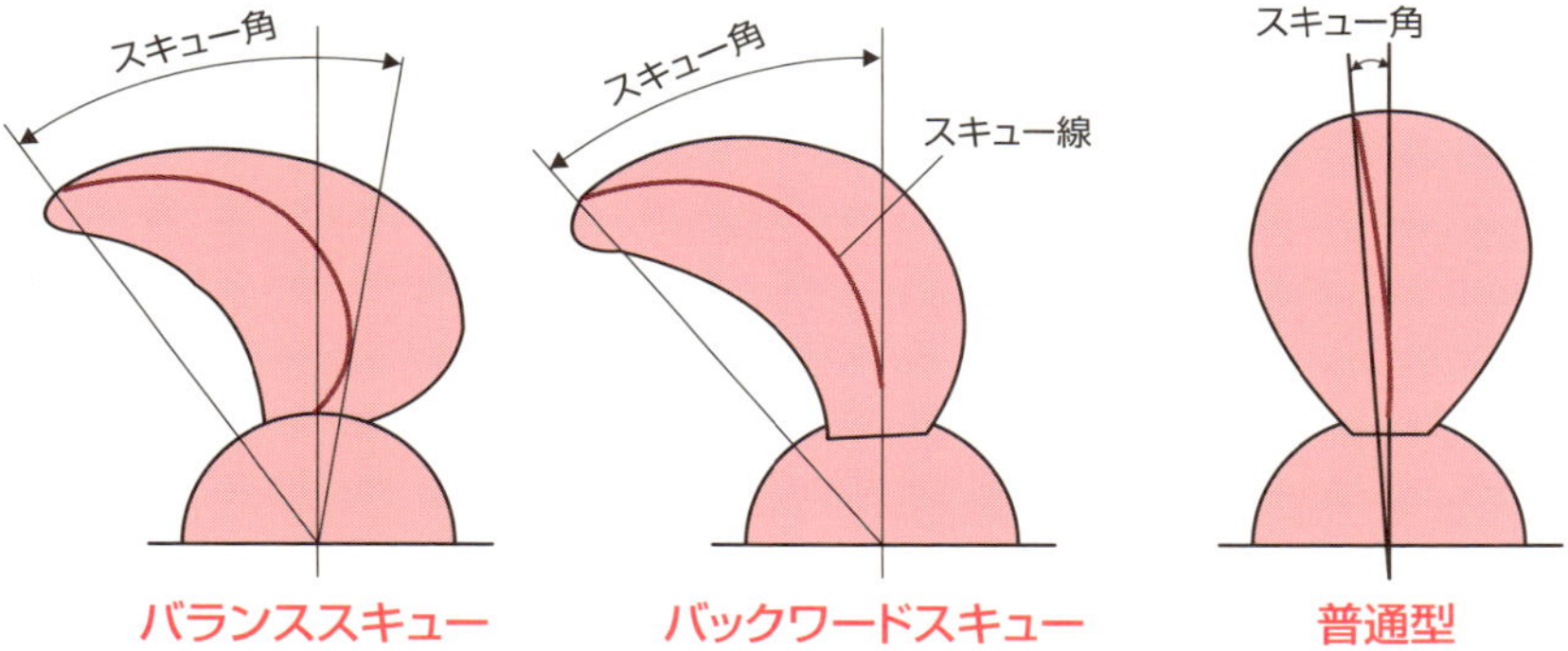

キャビテーションを低減するためのスキュー角をつけたハイスキュー・プロペラの翼形状

ウォータージェットの仕組み

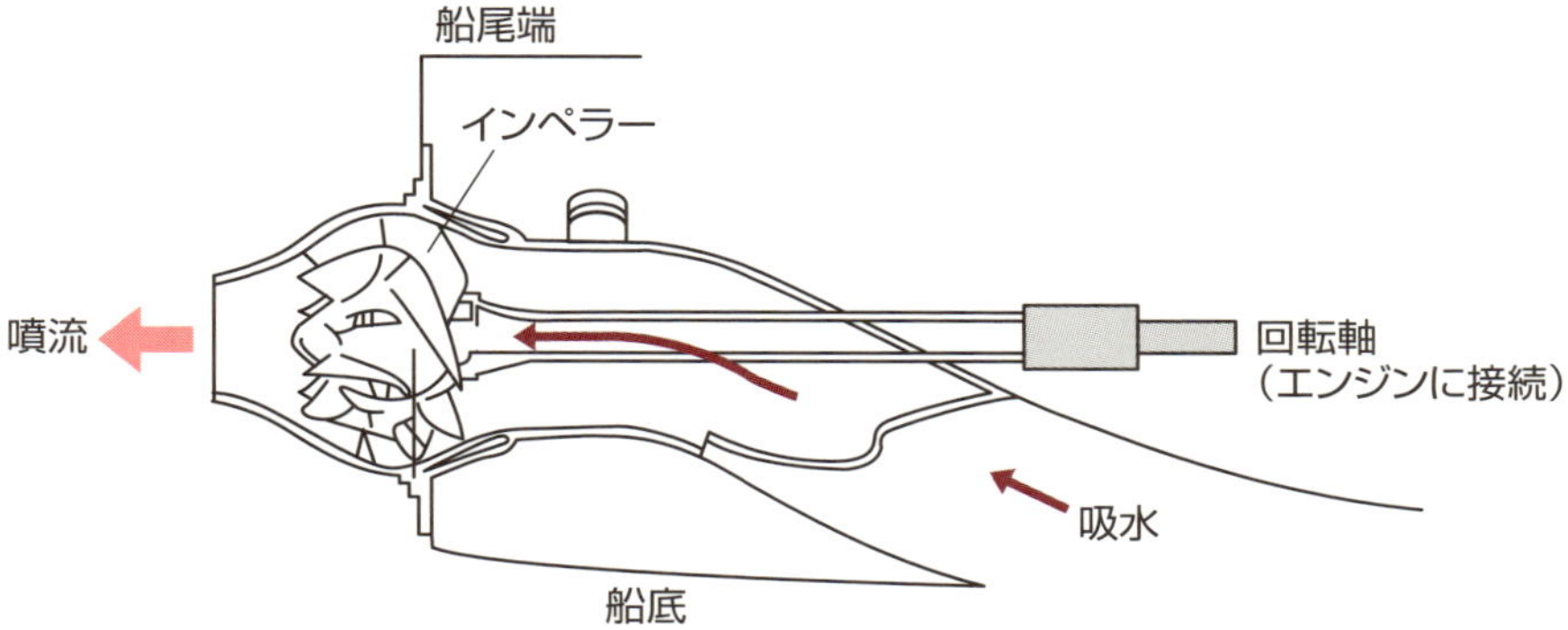

（出典：「図解・船の科学」池田良穂著、講談社ブルーバックス）

47 いろいろなプロペラ

特殊な働きをするプロペラ

最後に、いろいろな特殊プロペラについて紹介しましょう。

まずは、前進も後進も自由にできる可変ピッチプロペラです。このプロペラは、プロペラの翼のピッチ角（ねじり角）を、軸の中の回転機構で変化させて、プロペラがつくり出す水流の強さと向きを、プロペラの回転数と方向は一定のまま、自由に変えることができます。

次に、プロペラの向きを自由に変えることのできるアジマス推進器です。船底から下に突き出した形で推進器を設置して、そのプロペラが３６０度水平に回転できる機構にしたものです。Ｚペラ、Ｚドライブなどが有名で、船内のエンジンからの回転をベベルギアと呼ばれる直角に曲げて回転を伝える機構でプロペラを駆動します。

最近では、水中のプロペラと一体の容器の中に交流モータを設置した電動推進器が開発されており、「ポッド推進器」と呼ばれています。

船の前後方向とは直角の、横向きに設置したプロペラは、「サイドスラスター」と呼ばれており、船を岸壁に着けたり、離したりするときの横移動時に用いられます。船首尾の幅の狭い船底部に横向きのトンネルを設け、その中にプロペラが設置されて、横向きに推力を発生することができます。船首に設置されたのをバウスラスター、船尾のものをスターンスラスターと呼びます。

プロペラは、回転しながら推力を発生するので、プロペラ後方の水流は回転しています。この回転成分は、船の推力には寄与せずに、無駄に捨てられるエネルギーとなります。この回転流のエネルギーを回収する特殊プロペラが「２重反転プロペラ」です。同じ軸状に前後に２枚のプロペラが取り付けられて、お互いに反対方向に回転して推力を発生すると同時に、回転流を打ち消しあって効率を上げています。

要点BOX

- 前進・後進が自由にできる可変ピッチプロペラ
- プロペラの向きを自由に変えるアジマス推進器
- 船を横向きに動かすサイドスラスター

可変ピッチプロペラ

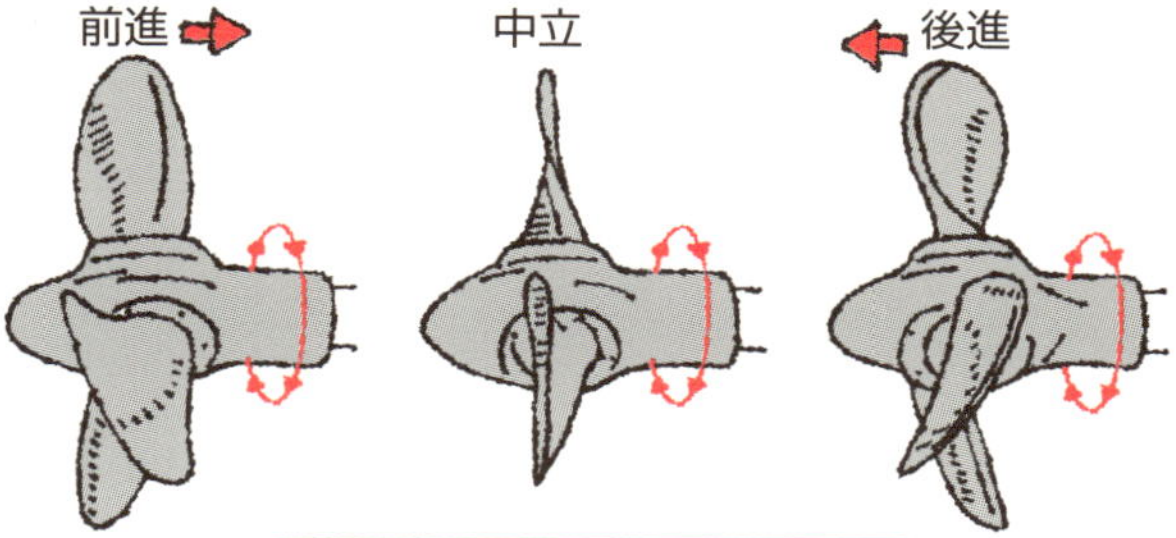

アジマス推進器（全方位型）

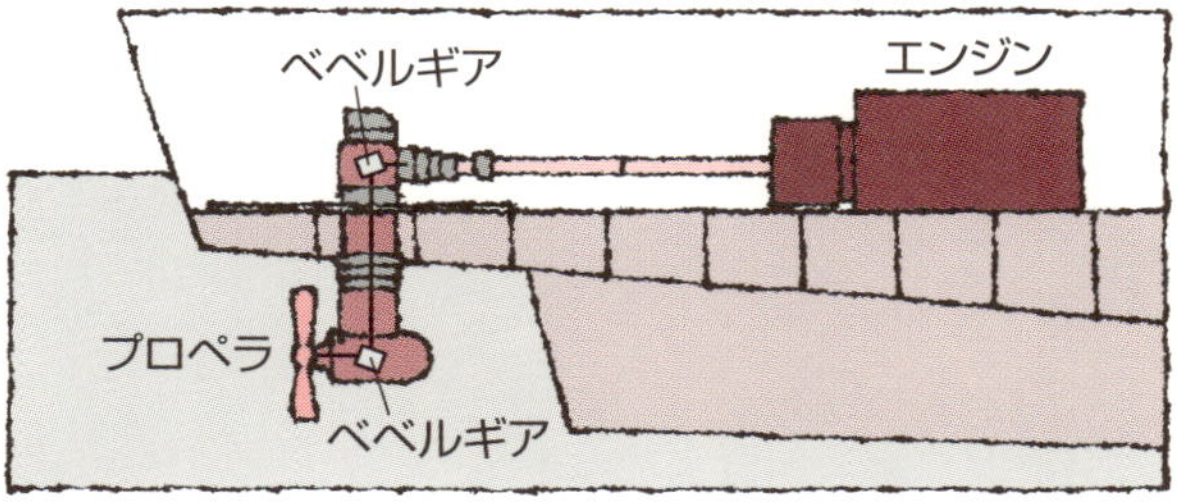

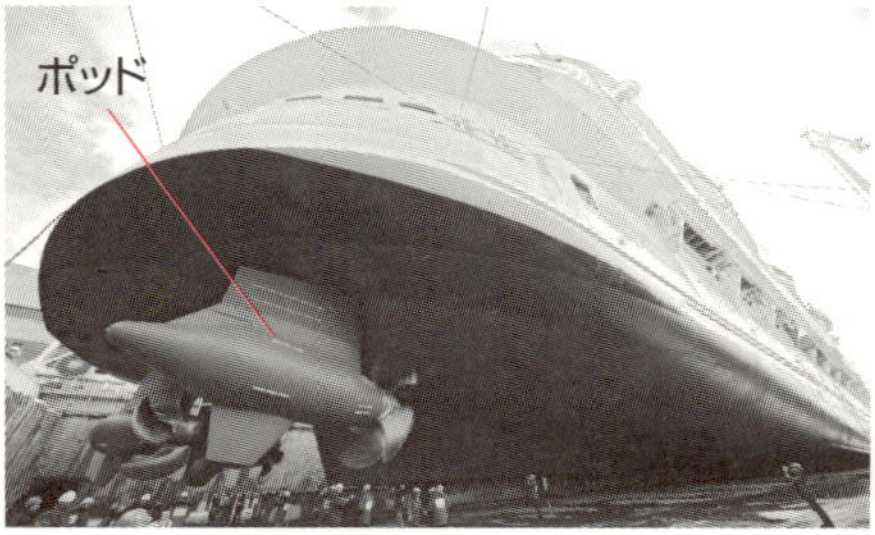

ポッド推進器（オアシス・オブ・ザ・シーズ）

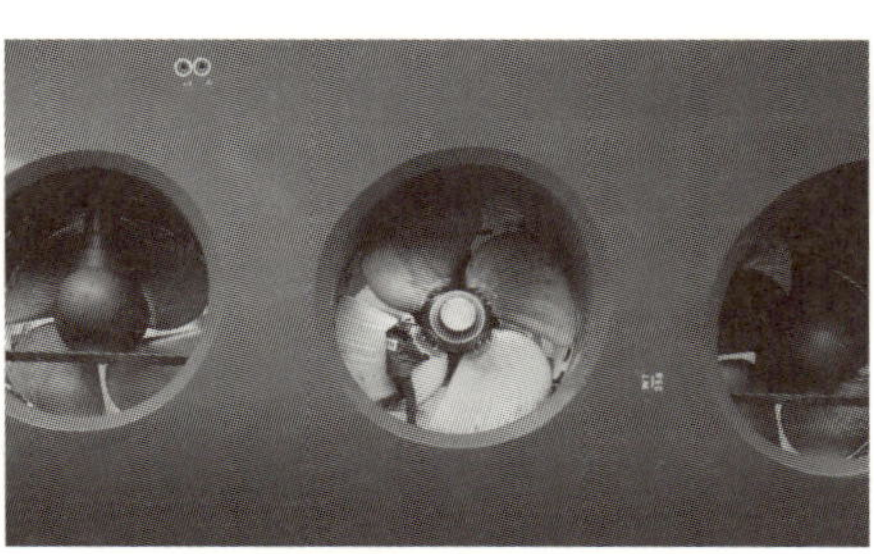

船首船底に横向きに設置されたサイドスラスターのプロペラ

2重反転プロペラ
（前と後ろのプロペラが逆方向に回転）

Column

世界の2大運河

地球上の70％は海で、その海を使ってたくさんの船が大量の物資を運んでいます。しかし、巨大な南北アメリカ大陸とユーラシア・アフリカ大陸が、南北にその海を分断しています。したがって、太平洋と大西洋を船で結ぶには、南アメリカ南端のホーン岬か、アフリカ南端の喜望峰を回る必要がありました。この問題解消のために作られたのが、スエズ運河とパナマ運河です。

　スエズ運河は、欧州とアジアを結ぶために建設され、エジプトのスエズ地峡帯に１８６９年に完成しました。地中海と紅海を結ぶ全長２００㎞弱の運河で、両端での水位差が少ないため高低差のない平坦な水路です。載貨重量24万トン、幅77・5m、喫水20mまでの船が通過できます。

　一方、パナマ運河は、南北アメリカ大陸を結ぶ細長い中米のパナマ地峡帯に建設され、太平洋とカリブ海をつないでいます。スエズ運河を作ったフェルディナン・ド・レセップス（１８０５年-１８９４年）によって開発されたものの難工事で失敗し、アメリカ合衆国の手によって１９１４年に開通しました。その後、アメリカ合衆国が管理をしていましたが、１９９９年にパナマに移管されました。このパナマ運河は、山の上のガツン湖の水位まで船を上げ下ろしする閘門《こうもん》（ロック）方式の運河です。この水位差は26mです。

　閘門の幅の制限から、32・３mの幅の船までしか通れないため、この幅の船をパナマックス型と呼んでいます。また、長さは２９４・１m、喫水も12mに制限されています。２０１５年に、隣に大型の閘門が完成し、幅が49m、長さが３６６mの船まで通れるようになり、この大きさの船をネオパナマックス型と呼んでいます。

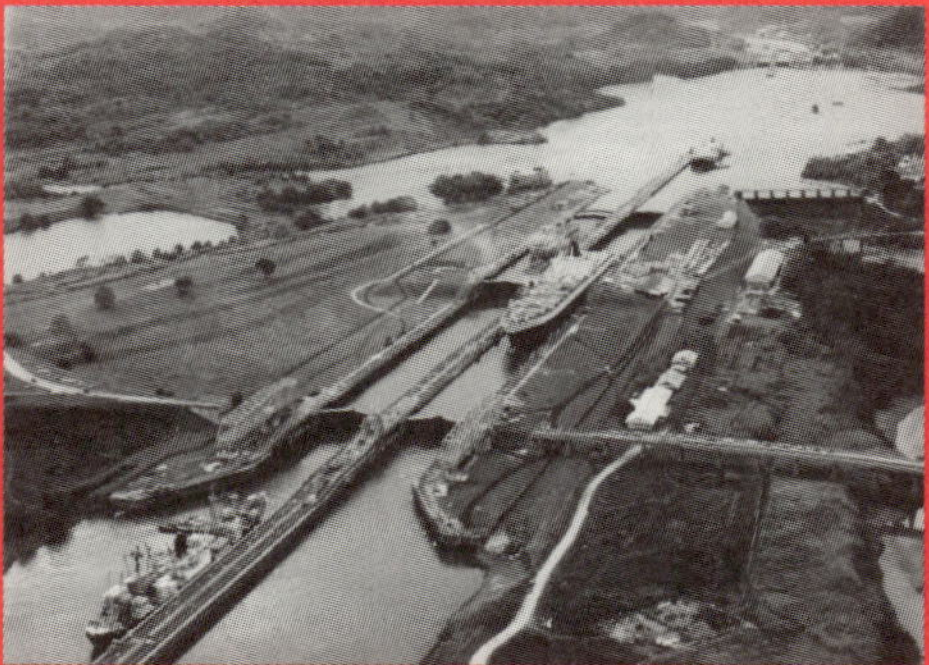

パナマ運河の旧閘門を通過する船舶の様子

第6章

船を動かすエンジン

48 蒸気機関と実用船

１８０７年、フルトンが建造した「クラーモント」が最初

エネルギー原料を使って運動エネルギーを取り出す機関を「原動機」といいます。

最初の実用的な原動機が、ワットが開発した蒸気機関です。この蒸気機関は、石炭を燃やして水を沸騰させて、膨張する蒸気の力でピストンを動かし、その上下動をクランク機構によって回転運動を取り出します。この蒸気機関は、鉱山での排水から始まって、鉄道、車などにも使われるようになりました。

船では、１８０７年にフルトンが建造した蒸気船「クラーモント」が最初の実用船といわれています。こうして蒸気機関で大きな水車を回転させて、推進力を得る外輪船が登場しました。当時の蒸気機関は、比較的ゆっくりと回るので、大きな水車を回すのにはちょうどよかったのです。水車につけられたいくつものオールをかなりのスピードで絶え間なく動かすことができるので、その発生する推進力は巨大なものとなります。

続いて、蒸気でピストンを上下させるのではなく、軸につけたたくさんの羽根に、高速の蒸気の流れをあてて、羽根に働く揚力で軸を回転させる蒸気タービンが発明されました。しかし、発明当時には、なかなか世に認められませんでしたので、この蒸気タービンでスクリュープロペラを回して推進する高速船「タービニア」を、イギリスの観艦式の最中に並み居る軍艦の間を高速で航行してみせて皆を驚かせ、蒸気タービンの実力が世に認められたといいます。

この蒸気タービンは、高出力化が技術的に容易であったため、大型蒸気タービンが開発され、大型の高速客船が大西洋横断航路などにたくさん就航するようになりました。第２次大戦後も、蒸気タービンは大型の高速船の主要機関として使われてきましたが、やがて、より燃費のよいディーゼル機関が、大出力化に成功して、船舶の主機関としての不動の地位を築きました。現在では、ＬＮＧ船などの一部に蒸気タービンが使われているだけとなりました。

要点BOX

- ●最初の実用的な原動機はワットの蒸気機関
- ●蒸気機関で水車を回転させ推進力を得る外輪船
- ●燃費のよいディーゼル機関が不動の地位を築く

ジェームズ・ワットの蒸気機関

ジェームズ・ワット
（1736年−1819年）

船の蒸気機関

ロバート・フルトン
（1765年−1815年）

外輪船クラーモント。1807年にニューヨークとオルバニー間のハドソン川240kmを32時間で航行した。

船舶用蒸気タービン

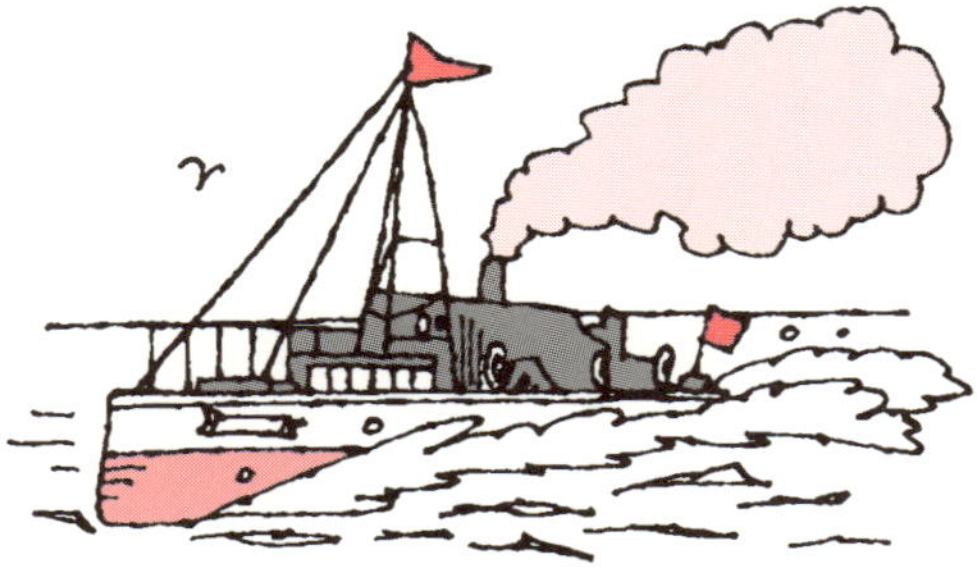

タービニア（世界初の蒸気タービンを動力機関とする高速船舶）

反動タービンを開発したチャールズ・アルジャーノン・パーソンズ（1854年−1931年）

49 エネルギー効率が良いディーゼル機関

船のエンジンとして広く使われている

蒸気機関のように、燃料を燃やして水を沸騰させてつくった蒸気をシリンダ内に入れてピストンを動かしたり、蒸気を羽根車にあてて回転させたりする機関を「外燃機関」と呼びます。

一方、シリンダ内に燃料を直接噴射して、その中で爆発的に燃焼させて、その膨張圧力でピストンを動かす機関が発明され、「内燃機関」と呼ばれています。その内燃機関の1つが、ドイツのディーゼルが発明した機関で、その名をとって「ディーゼル機関」と名付けられています。種々の原動機の中でも、もっともエネルギー効率が良く、しかも価格の安い重油も使えることから、船のエンジンとして広く使われています。また外燃機関の燃料には固体の石炭が使われましたが、ディーゼル機関では液体の石油が使われるようになり、主要エネルギー資源が個体資源から液体資源へと変わりました。

ディーゼル機関には、4サイクル（ストローク）機関と2サイクル機関があります。いずれの機関も、ピストンでシリンダ内の空気を圧縮して高温にし、そこに燃料を噴射して爆発的に燃焼させて膨張させてピストンを押し、排気ガスを排出する過程を繰り返しますが、この1過程の間に回転軸が1回転するのが2サイクル、2回転するのが4サイクル機関です。

2サイクル機関の方が出力を大きくでき、燃費も良いため大型船では2サイクル機関が多くなっています。もともと燃費が良いディーゼル機関ですが、常に進化をしています。

過給機を使って空気を強制的にシリンダ内に送って燃焼効率を高めたり、燃料噴射のタイミングの最適化を行うコモンレールシステムを導入したりして、ディーゼル機関の効率は50％を超えるようになりました。さらにエンジンからの排熱を回収して利用する排熱エコノマイザーなど、陸上で省エネのために取り入れられつつあるコージェネレーションも古くから導入されています。

要点BOX

- ●ドイツのディーゼルが発明した機関
- ●効率が良く、しかも価格の安い重油も使える
- ●4サイクル機関と2サイクル機関がある

船舶用ディーゼル機関

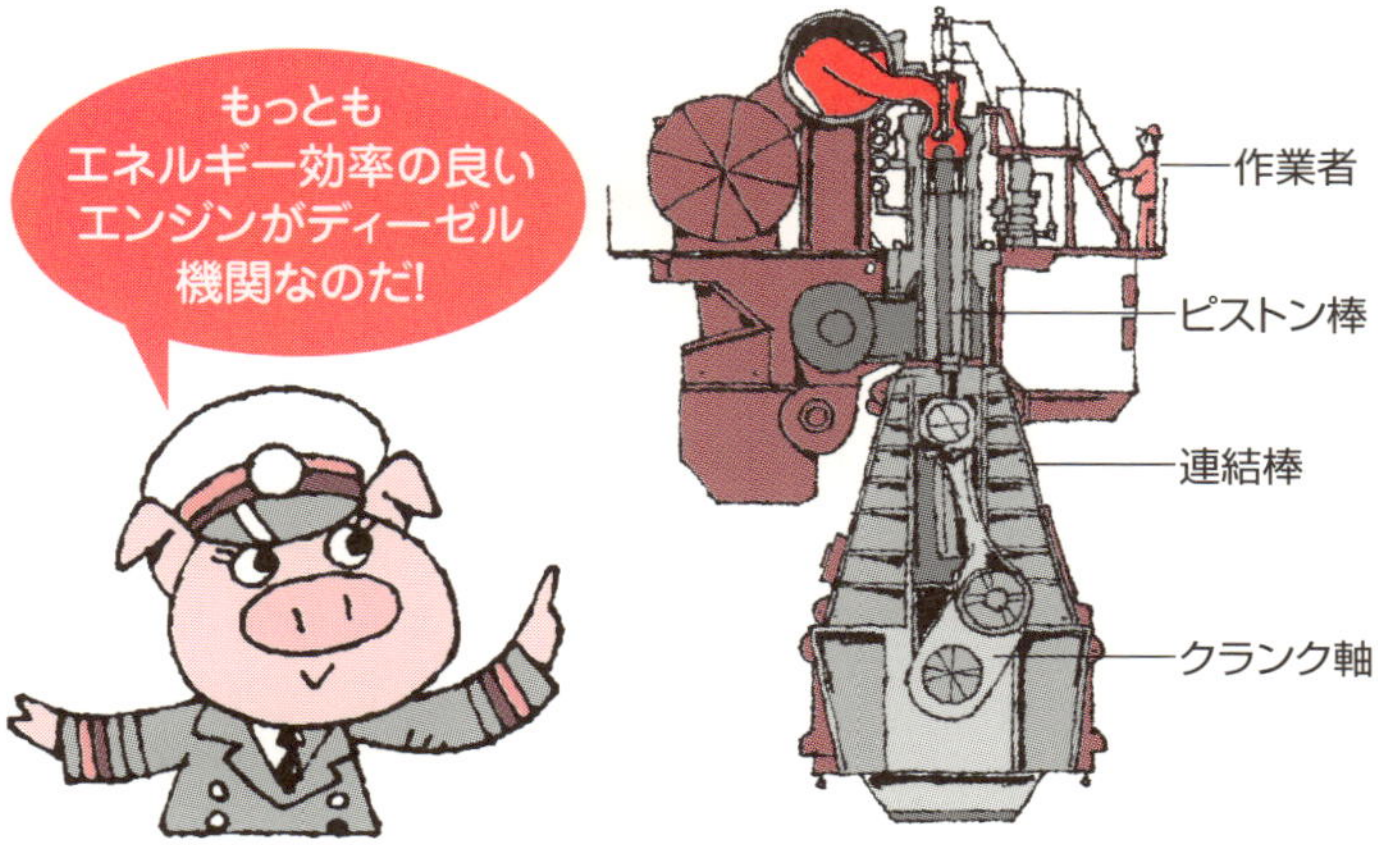

4サイクルディーゼル機関

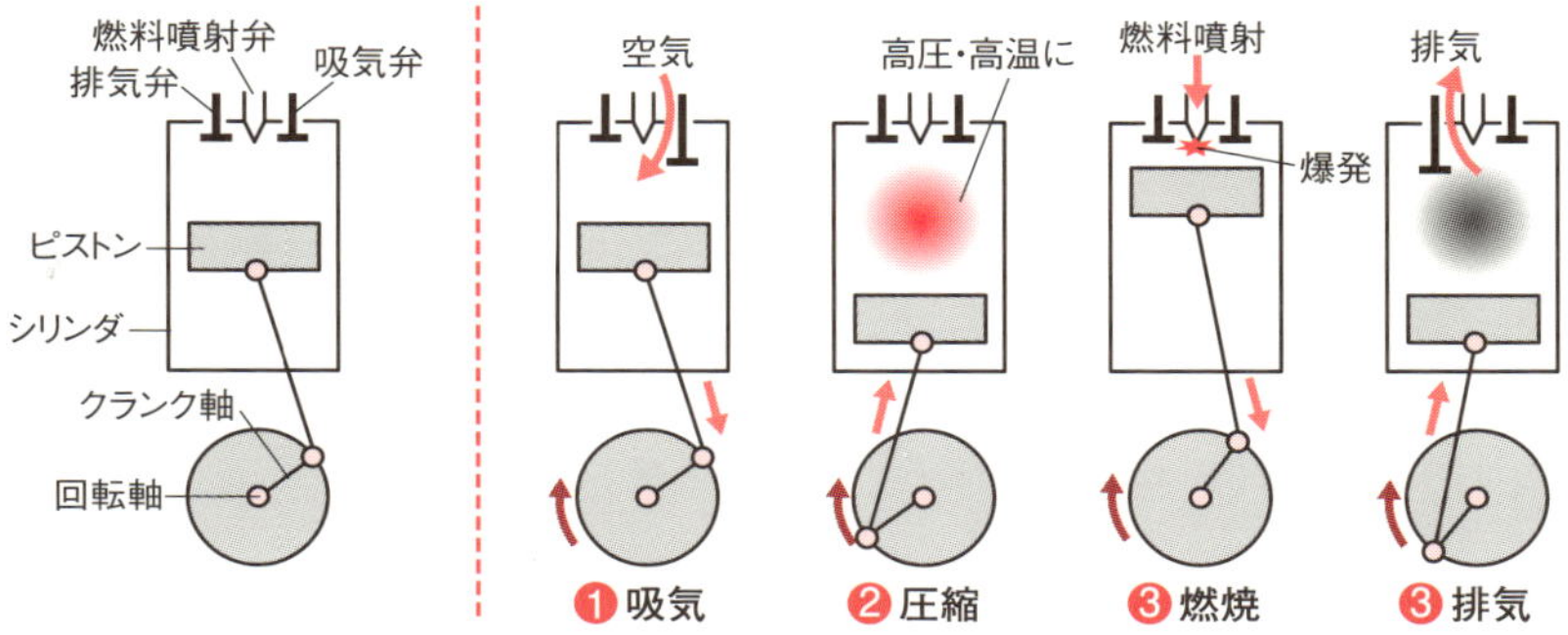

2サイクルディーゼル機関

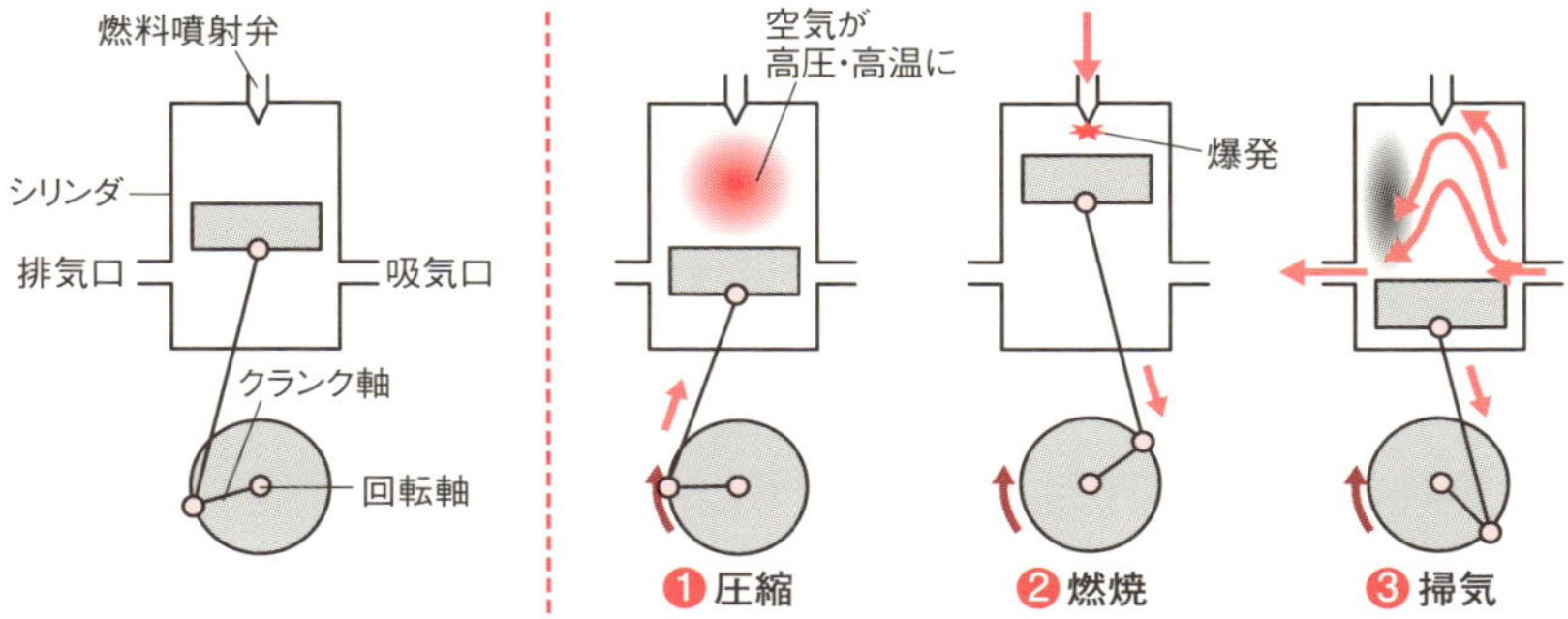

50 ハイブリッド機関で省エネルギーも

船にも各種のハイブリッド機関が使われている

自動車ではハイブリッドエンジンが流行《はや》りです。ガソリンエンジンと電気モータを組み合わせた駆動システムで、エンジンの無駄なエネルギーやブレーキをかける時の制動エネルギーをバッテリーに溜めておき、加速時などの必要な時に電気モータで支援して、全体のエネルギー効率を高めるものです。

実は船にも、各種のハイブリッド機関が使われています。

もっとも単純なシステムが、ディーゼル発電機で電気を発生させて、電気モータでスクリュープロペラを回して推進する電気推進システムです。ディーゼル発電機で電気にする時に15%程度のエネルギー損失があるため、必ずしも省エネにつながりませんが、船のスピード変化と船内電力消費変化に応じて複数のディーゼル発電機を効率良く使うことによって大きな省エネ効果をあげることができ、大型クルーズ客船などには広く使われています。

また、日本政府はスーパーエコシップ（SES）プロジェクトで、内航船に電気推進システムを取り入れて、省エネ化を図っています。

この他にも、ディーゼル主機関で回すスクリュープロペラの背後に、電気推進で回すスクリュープロペラを配置して、それぞれのプロペラの回転方向を反対にして、無駄な回転エネルギーを回収する2重反転プロペラにしたシステムもあります。

ディーゼル主機関で回すプロペラ軸の回転エネルギーを使って発電する軸発電機で効率良く発電し、スピード増加時に必要な時には発電機またはバッテリーからの電気で軸発電機を電気モータとして活用して、総合的なエネルギー効率を向上させるというシステムも現れています。

こうすることで不必要に大きな主機を搭載することなく、必要な時に大きな推進力を得ることができます。

要点BOX

- 大型クルーズ客船などには広く使われている
- 内航船に電気推進システムを取り入れる動き
- 2重反転プロペラにしたシステムで効率アップ

各種のハイブリッド機関

一般的ディーゼル船

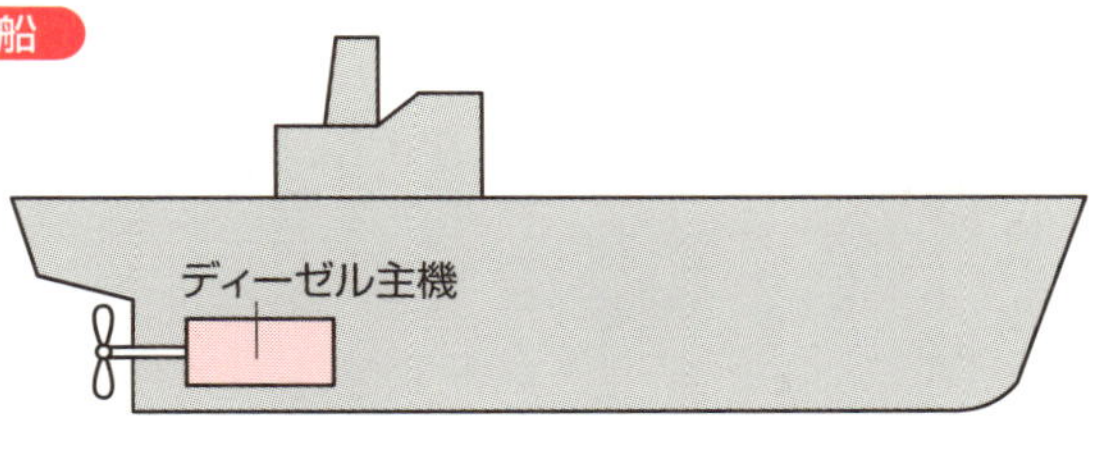

ディーゼル・電気推進船

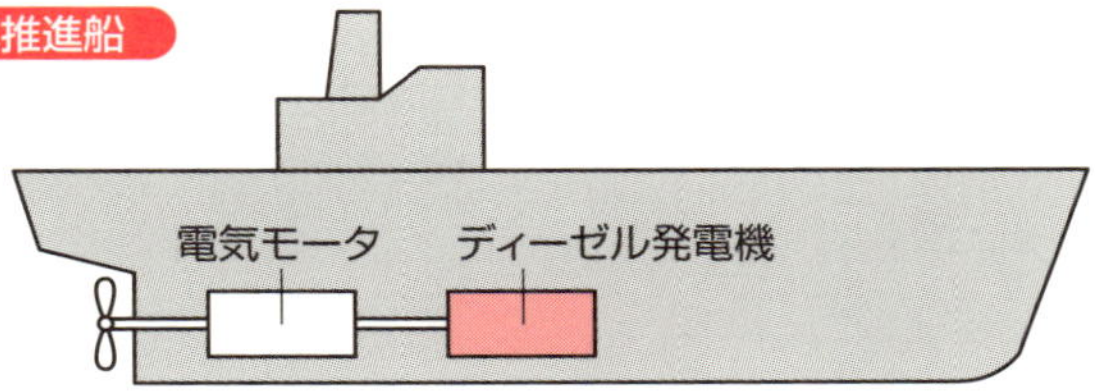

ディーゼル・ポッド推進船

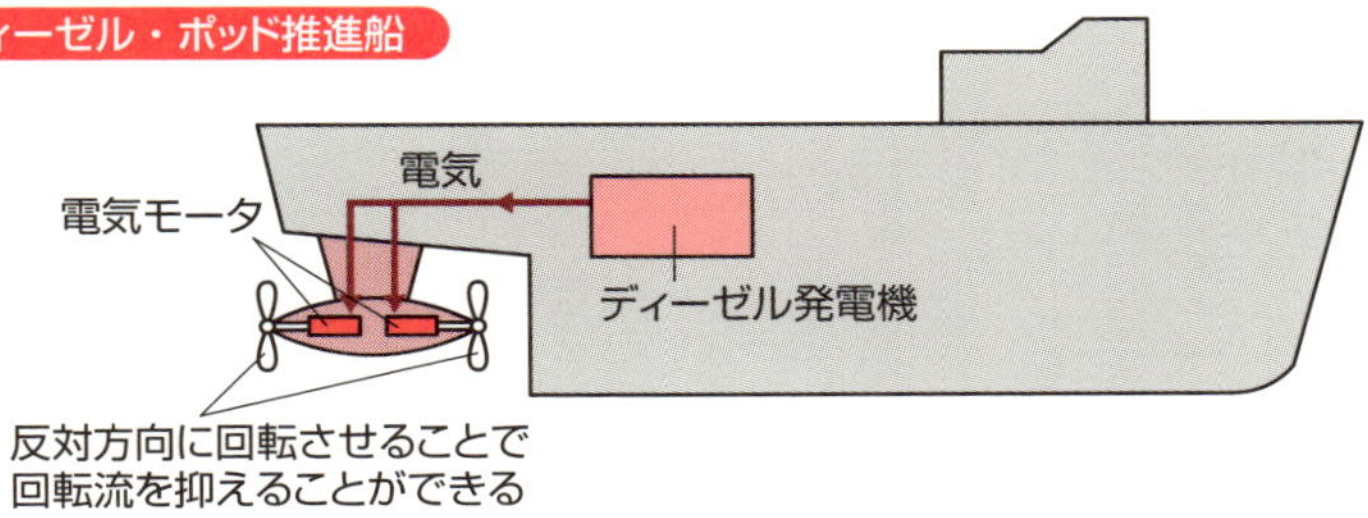

ディーゼル電気ハイブリッド・2重反転プロペラ船

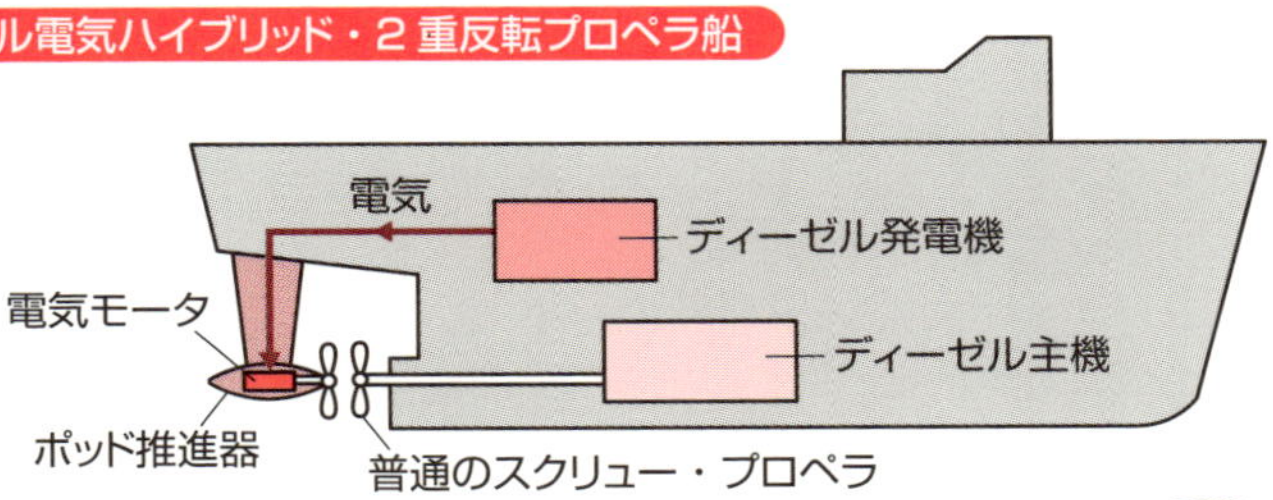

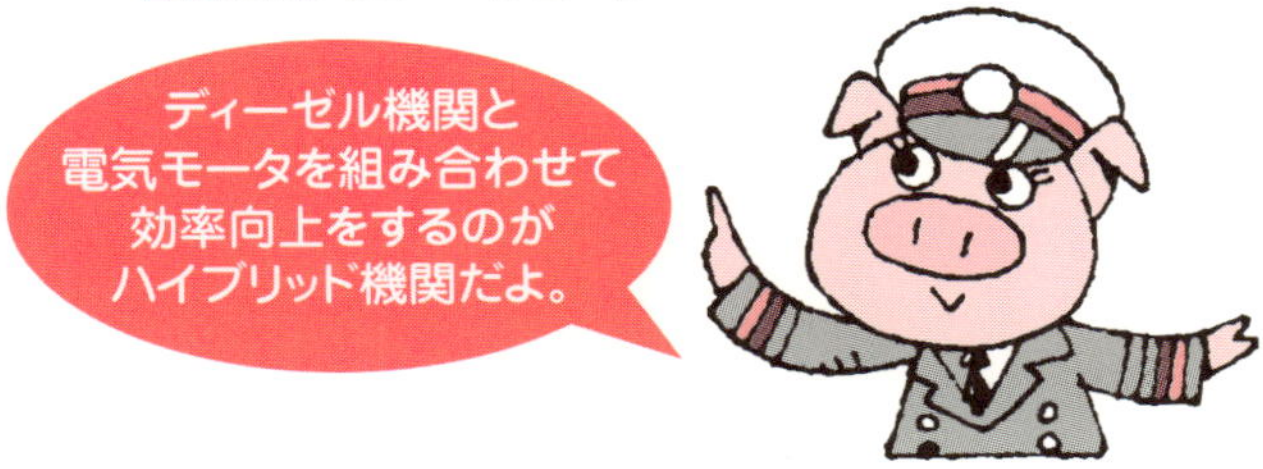

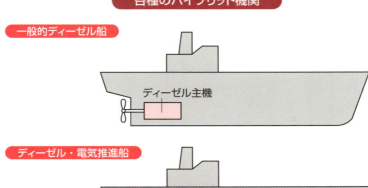

51 船の燃料はどう変わる

注目されている液化天然ガス（ＬＮＧ）

　外燃機関では、船の燃料として、石炭が使われました。大洋を渡る高速貨客船では、貨物量と同じくらいの大量の石炭を積む必要もあったといいます。船の燃料のことを「バンカー」といいます。これは石炭庫を意味していますが、燃料が変わっても、そのまま今でも船の専門用語として残っています。

　内燃機関が登場して、燃料には液体の石油が使われるようになりました。船舶に搭載される大型のディーゼル機関では、原油から各種の石油製品を抽出した後の残りである重油を使うのが普通です。重油は、その粘度によって、A重油、B重油、C重油に分かれ、船舶ではもっとも粘度が高く、価格も安いC重油が主に使われています。C重油は、常温では固まってしまうので、ディーゼル機関に投入する前に、温度を高め、不純物を除去して使います。この不純物はスラッジと呼ばれ、C重油の重量の４％近くになるといいます。

　大型タンカー（ＶＬＣＣ）で、ディーゼル主機のC重油の使用量は1日あたり50トン近くになります。また船内の電気を作るディーゼル発電機ではA重油を使い、港内では環境負荷の低減のために主機燃料もC重油からA重油に切り替えることもあります。

　高速船や小型船に搭載される中・高速ディーゼル機関では、A重油または軽油が使われます。

　さて、地球温暖化の防止からCO_2排出量の削減が求められており、船舶でも国際海事機関（ＩＭＯ）がCO_2排出量の指標としてＥＥＤＩを定義し、この値を段階的に30％まで減らす施策がとられています。また、ディーゼル機関から排出されるNO_x、SO_xそして黒煙などの地域環境を悪化させる成分の削減が求められています。そこで、これからの船舶燃料として注目されているのが液化天然ガス（ＬＮＧ）です。ガス機関の他、ディーゼル機関の燃料として使え、CO_2を20％、NO_xを80％、SO_xを１００％減らし、シェール革命で価格の高騰もないと考えられています。

要点BOX

- 船の燃料のことをバンカーという
- 内燃機関が登場しエンジン燃料が液体の石油に
- 液化天然ガスは地球環境にやさしい

大型船に給油するバンカー船

排出規制海域（SOxおよびPM）

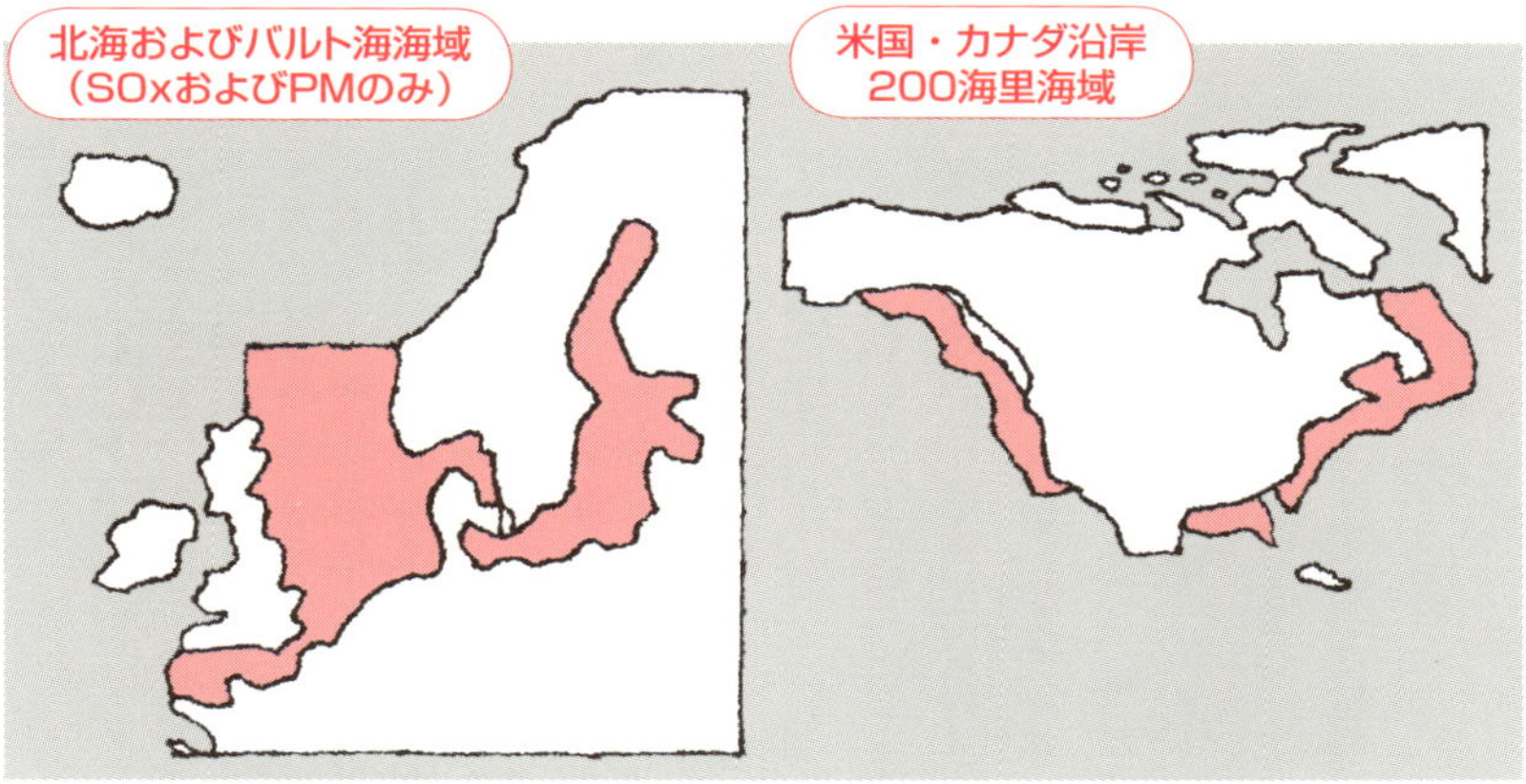

北欧州および北米では船舶からのSOxおよび黒鉛などの粒子状物質（PM）の規制水域が設定されている。

北欧の大型カーフェリーはLNGを燃料とした低環境負荷船にシフト。

52 軽くて高出力のガスタービン機関

高速船用のエンジンとして使われている

航空機のジェットエンジンとして広く使われているガスタービン機関は、軽量でかつ高出力が得られることから、高速船用のエンジンとして使われています。

航空機のジェットエンジンは、空気を取り込んで圧縮し、そこに燃料を噴射して爆発的に燃焼させて、高速の燃焼ガスをノズルから後方に噴出し、その反力を推力として利用しています。この時に高速ガス流によってタービンを回して、エンジンの前部にある圧縮機を稼働させて、大量の空気を取り入れています。

船の場合でも、燃焼ガスを噴出させて推進するパワーボートもあり、ジェットエンジンを搭載して船の世界記録を樹立した「スピリット・オブ・オーストラリア」は、時速511kmを記録しています。

一般の船舶では、ガスタービンの回転でスクリュープロペラを回転させて推進するか、ウォータージェットポンプを駆動させて、船底から取り込んだ水を後方に噴出させて進みます。一般に30ノット程度の船まではスクリュープロペラ、それ以上の速力の高速船ではウォータージェットが使われています。

スクリュープロペラの場合には、ガスタービンの回転数は高すぎるので減速機を介して、回転数を落としています。

ガスタービン機関の熱効率は40%前後と舶用ディーゼル機関に比べるとかなり低く、さらにディーゼル機関は安価な重油を燃料にできますが、ガスタービン機関では高価な軽油が使われるので、燃費が悪くなり、軽いエンジンを必要とする高速船や軍艦に使われることがほとんどです。また、飛行機のエンジンに比べると、吸引する空気に塩分が含まれるので、各種の塩害防止対策が必要となります。

最近のクルーズ客船では発電機としてガスタービン機関が採用される場合もあり、NO_XやSO_X、さらに煤煙などの排気ガス規制の厳しいアラスカなどの水域でディーゼル発電機に代って電力を供給しています。

要点BOX

- ●船の世界記録は時速511km
- ●30ノット程度の船まではスクリュープロペラ
- ●それ以上の速力の高速船はウォータージェット

ガスタービン機関船

航空機用ガスタービンを舶用に転用した機関の23000総トンの高速カーフェリー「フィンジェット」。航海速力30ノット、37500馬力ガスタービン2基搭載。

ジェットエンジンを搭載して船の最高速力511km/hを達成した小型ボート「スピリット・オブ・オーストラリア」。

海上自衛隊の護衛艦にもガスタービン機関が搭載されている。

全没翼型水中翼船は、ガスタービン機関でウォータージェット推進器を駆動し、40ノットの高速で揺れずに走る。

ジェットフォイルのウォータジェット

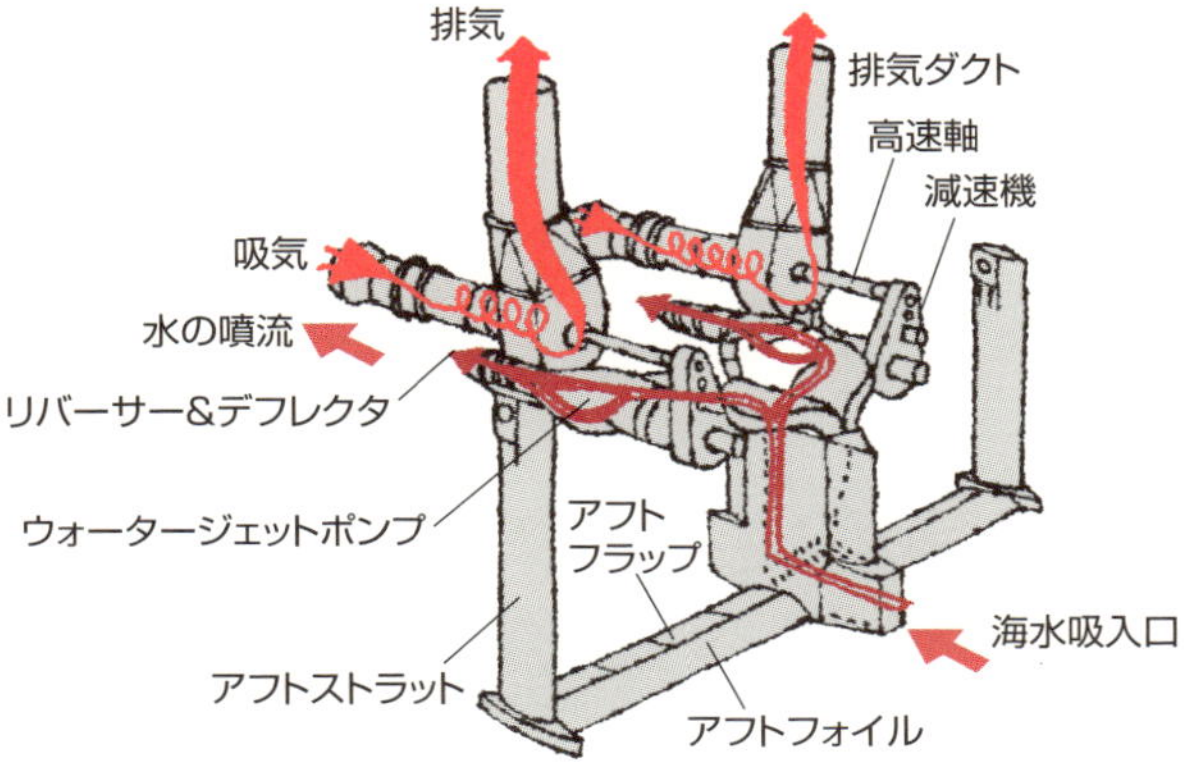

53 水素燃料と燃料電池

非常にクリーンな発電だが

クリーンなエネルギーとして最近脚光をあびているのが水素燃料です。水の電気分解によって、酸素と水素が発生することを学校の理科の実験でやったと思いますが、これは水に電気というエネルギーを投入して、水を構成している酸素と水素にわけるものです。この反対で、水素と酸素を結合させて水にする時にでる熱エネルギーを発電に使うのが、燃料電池という発電システムです。発電時に出るのが水だけなので、非常にクリーンな発電としてとらえられています。

しかし、ここでは水素は自然界には単体としては存在しないことに注意をする必要があります。すなわち、水素を製造する時にエネルギーが必要で、そのエネルギーを得る時に、発電所などでCO_2をはじめとする排気ガスを排出しています。すなわち、水素エネルギーは常にクリーンなエネルギーではなく、クリーンなエネルギーで発電した電気で製造された場合のみクリーンであることは常に頭に入れておくことが大事です。

この水素エネルギー製造に、自然エネルギーなどの再生可能エネルギーだけを使うと、CO_2や有害排気ガスがなくなり、かつ不安定で使いにくい自然エネルギー由来の電力の欠点を補うことができます。すなわち、水素に電気を蓄える2次電池の役割を担わせることとなります。しかし、自然エネルギーだけではとても人間が必要とするすべてのエネルギー需要には足りないので、原子力、水力、地熱などの安定的なクリーンエネルギーを組み合わせて水素を製造すると、はじめて水素エネルギーはクリーンなエネルギーとなります。

この水素を使う燃料電池を船舶のエンジンとして使う試みがなされていますが、未だに、研究開発段階で実用化には至っていませんが、東京海洋大学の実験船「らいちょうN」や、ヤマハの実験ボートなどが着々と試験を実施し、実用化のための問題点の洗い出しをしています。

要点BOX

- 燃料電池自体はクリーンな発電
- 燃料の水素を製造する時にCO_2排出
- 実用化のための問題点の洗い出し中

燃料電池の発電原理

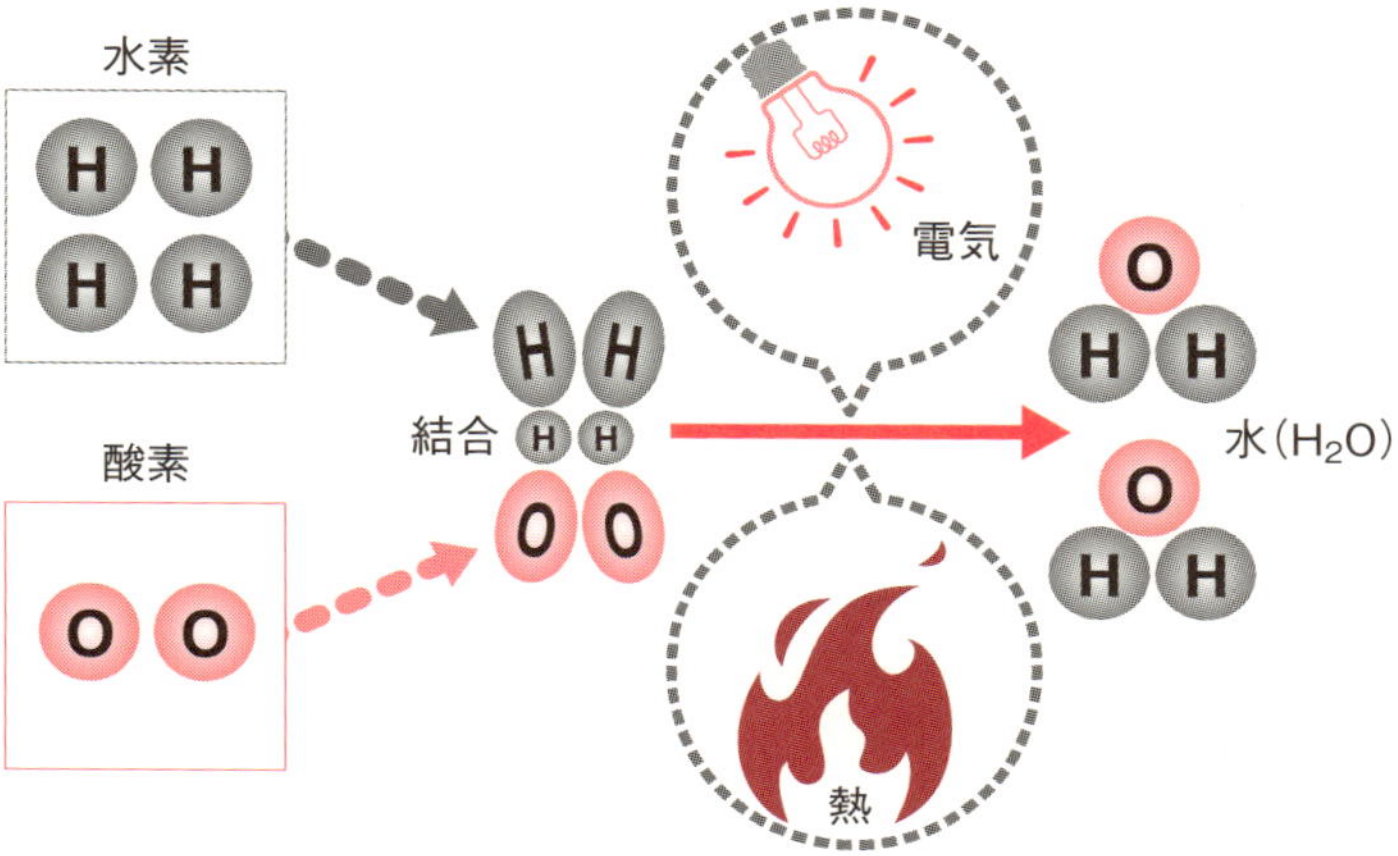

燃料電池は、水素と酸素を結合させると、電気と熱と水が生成される原理を使って、電気を取り出す。

燃料電池のシステム構成

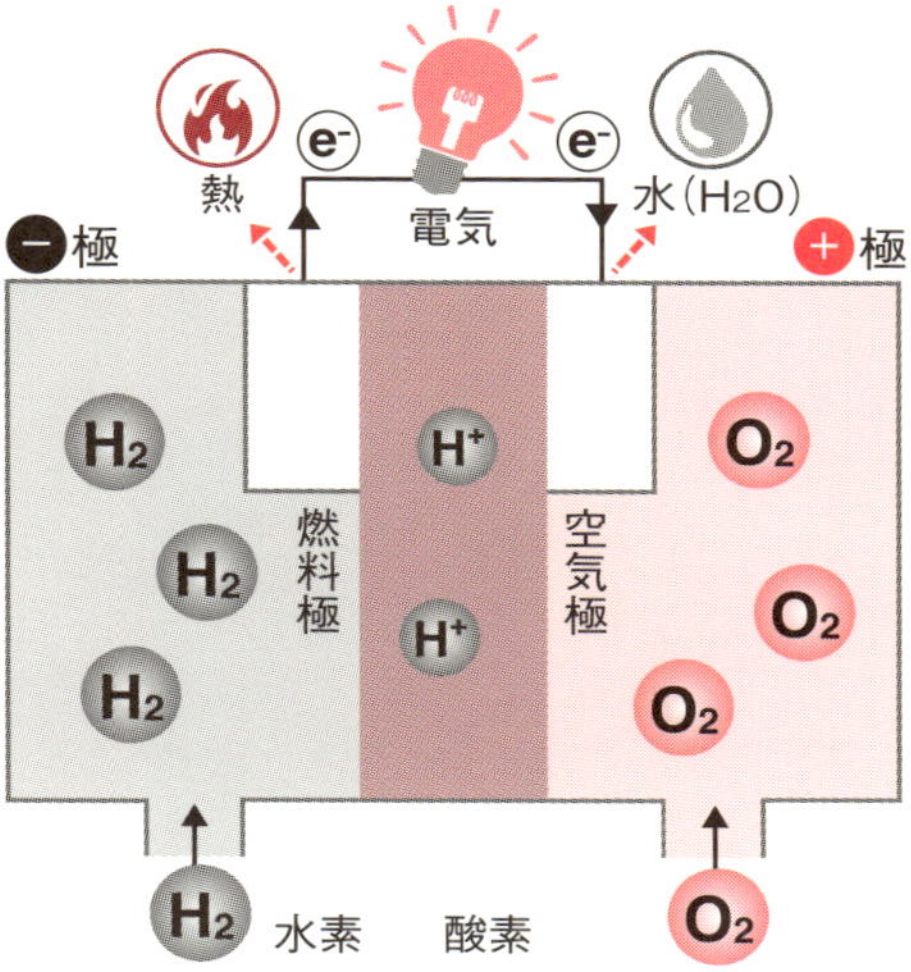

燃料としての水素と、空気中から取り入れる酸素を2つの電極として、水素と酸素を結合させて水を生成させる際に、電気と熱が得られる。

Column

造船技師になるには

　船舶を設計する技術者のことを造船技師といいます。英語ではネーバル・アーキテクトといい、ネーバルは船、アーキテクトは建築家の意味なので、「船の建築家」という意味になります。なかなか聞きなれない英語ですが、かつての海運・造船大国のイギリスでは、尊敬の対象となっています。近年、大学改革の波の中で、船舶工学という学問は、機械系か、建築系かという議論があり、大学によって所属する系が違っています。

　著者は、船舶工学は機械系と建設系の両方の特性をもっていると考えています。巨大な機械とも見えますし、動く建築物とも見え、両方の系の技術とセンスが必要とされます。

　全国では、8つの大学で船舶工学を教えています。東から、東京大学、横浜国立大学、東海大学、大阪大学、大阪府立大学、広島大学、九州大学、長崎総合科学大学です。昔は、船舶工学科または造船学科という名前がついていたのですが、今では各大学で違った名称となっており、著者の大学では機械系学類の海洋システム工学分野で、船舶工学、海洋工学、海洋環境工学を学ぶことができます。船舶工学の基礎となるのは、流体力学、材料・構造力学、システム工学です。そして、そのベースとなるのは数学と力学です。

　工業高校では、全国で4つの学校で船舶工学が学べます。これまでは須崎工業高校、下関工科高校、長崎工業高校の3つで教えていましたが、最近、今治工業高校でも船舶工学が学べるようになりました。

　あなたも造船技師を目指してみませんか？

船の設計図面を前に議論する若手造船技師たち（今治造船）

第7章

船を造るプロセス
―建造から進水まで―

54 船を建造する造船所

船台上やドックの中で船体を建造

船を建造するのが造船所です。造船所では、船台《せんだい》上もしくはドックの中で船体を建造して、完成したら海に浮かべます。船台とは、海岸線に造られた斜めの斜面で、その上で造った船体を、重力を利用して滑り下ろします。

一方、ドックは、海岸線に掘った大きなプールのような施設で、可動式のゲートで海と仕切られていて、その中の水を排水すると、底の水平な平地で船を建造することができます。船が完成すると、ドック内に海水を注入して船を浮き揚がらせて外部に引き出します。

船台では斜めの状態で船体を建造しなくてはならず、また巨大な船体を滑らせて進水する作業にも手間がかかるため、新しい造船所が建設される場合には、ドック建造法が採用されることが多くなっています。

船は建造時に1隻ずつ名前が付けられ、国籍の登録もされます。このような輸送機関は他にはありません。基本的には、1隻ずつ船主の要望に応じて建造されるオーダーメード品なのです。船主によっては、同じ形、性能の船を複数運航する場合があり、同型船もしくは姉妹船といいます。

また、ニーズの多い船型では、造船所が独自に船型開発して、ほぼ同型の船をシリーズ船として受注することもありますが、自動車のように完全に同じではなく、船主の要望に応えてカスタマイズするのが普通です。

かつて戦争時に大量の輸送船が必要となった時、戦時標準船と呼ばれる同型船がたくさん建造されました。アメリカで２７１０隻も建造されたリバティ船が有名です。ブロック建造法と溶接が取り入れられ、２００日程度の建造期間が42日まで短縮されました。しかし、このうち２００隻近くが、溶接が原因の脆性破壊で沈没したため、溶接技術の見直しが行われて、現在の船舶溶接の技術向上につながりました。

要点BOX

- 船台とは、海岸線に造られた斜めの斜面
- 造った船体を重力を利用して滑り下ろす進水
- ドックは海岸線に掘ったプールのような施設

造船所の全景(今治造船丸亀工場)

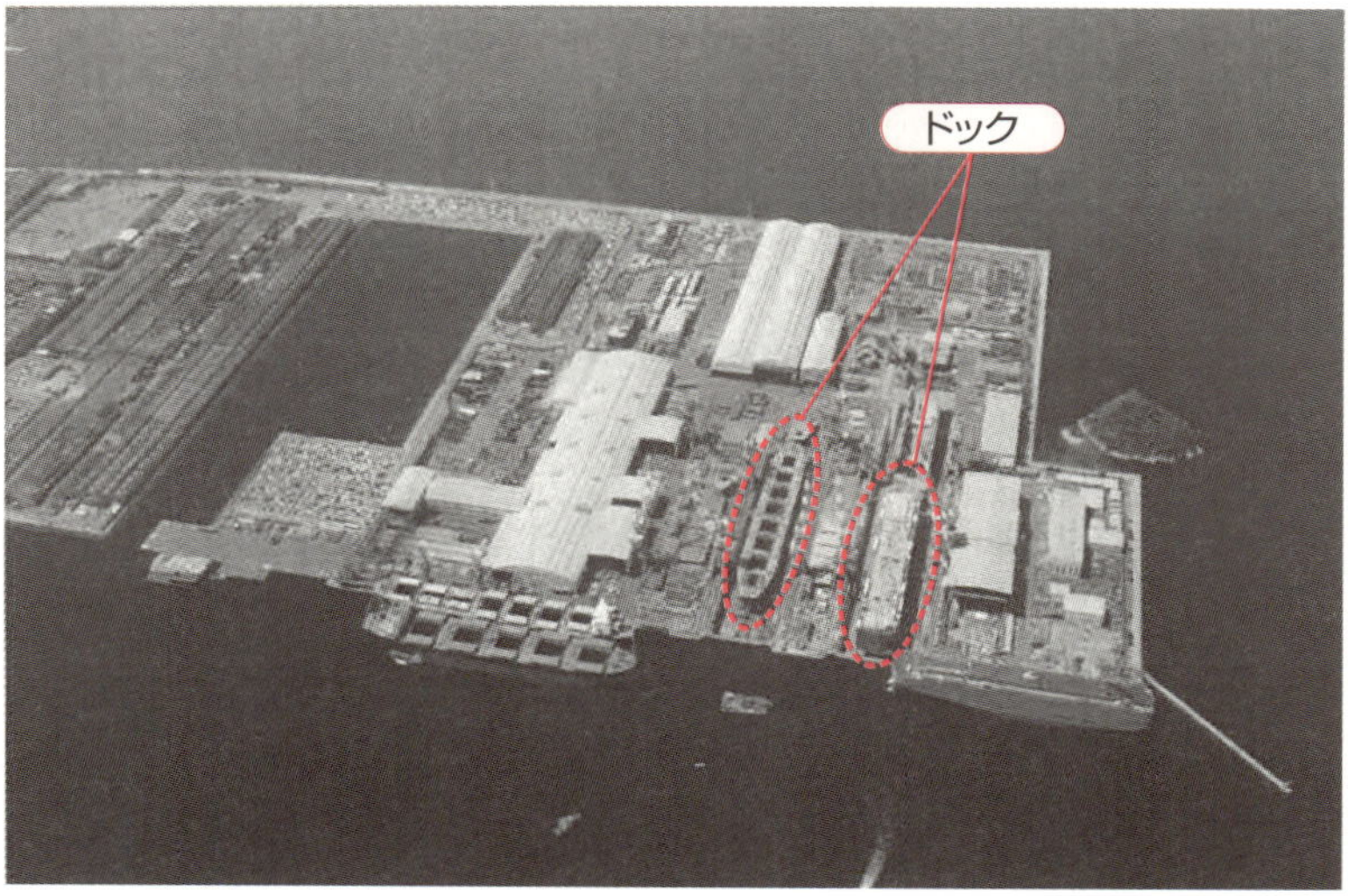

ブロック建造法を生んだ戦時標準船

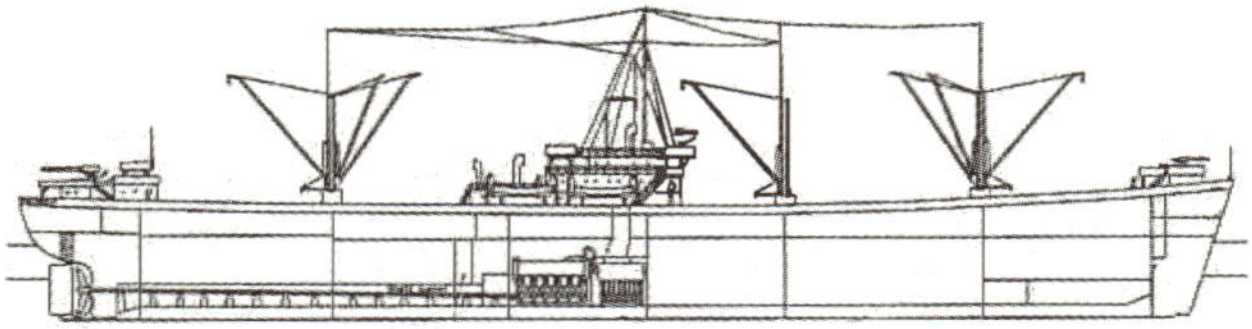

米戦時標準船リバティ型貨物船。1万載貨重量トンで、4年間で2710隻がブロック建造法と溶接技術を使って連続建造された。

ギリシアのピレウス港で保存されているリバティ船

55 船の基本設計

提示された仕様に従って見積り

船の設計は、造船所の設計部門すなわちデザイン部門で行われます。デザインという言葉は、いわゆる外観や衣装について使われることが多いのですが、元々の意味は性能も含めた設計を行い、その設計図をつくり上げることを指しています。

まず、船主から船の建造の打診があると、その提示された仕様に従って、船の概略の設計をして、建造費の見積りをします。これを「基本設計」といいます。

船は非常に複雑な巨大システムであるために、たくさんの要素を決める必要がありますが、それは容易なことではありません。仕様書の要求に従って、船体の長さ、幅、喫水などの主要目、船内配置、積載能力、排水量、スピード、エンジン出力など、船の建造に必要な諸量を決めていきますが、各種の規則を満足できるか、使い勝手は良いかなど、途中で条件と合わなくなると、再び最初に戻って検討をやり直し、徐々に要求に合うように収斂《しゅうれん》させていきます。この過程を「デザインスパイラル」と呼びます。また、トライアル・アンド・エラー法（試行錯誤）とも呼ばれますが、最初のトライアル、すなわち初期設定がある程度妥当なものから始めると、修正が少なくて済み、効率的な設計ができます。

こうして決まった設計をベースに、建造コストの算出が行われ、建造工程の検討も踏まえて船価と引渡時期が船主に提示されます。船主は、複数の造船所に見積依頼をしている場合もあり、必ず受注ができるわけではありません。陸上の建築物の設計と異なり、受注ができなければ、それまでの設計業務に対して対価が支払われることはありません。

建造が内定すると、船主との間で確約書が交わされます。そして造船所では、船内配置、機関、船体構造などの、より詳細な設計を行い、契約時の条件ともなる詳細な仕様書を作成し、船主と協議をします。

要点BOX

- ●船の建造仕様書の要求項目は膨大な数
- ●徐々に要求に合わせていくデザインスパイラル
- ●受注できなければ設計業務に対して対価はゼロ

デザインスパイラル

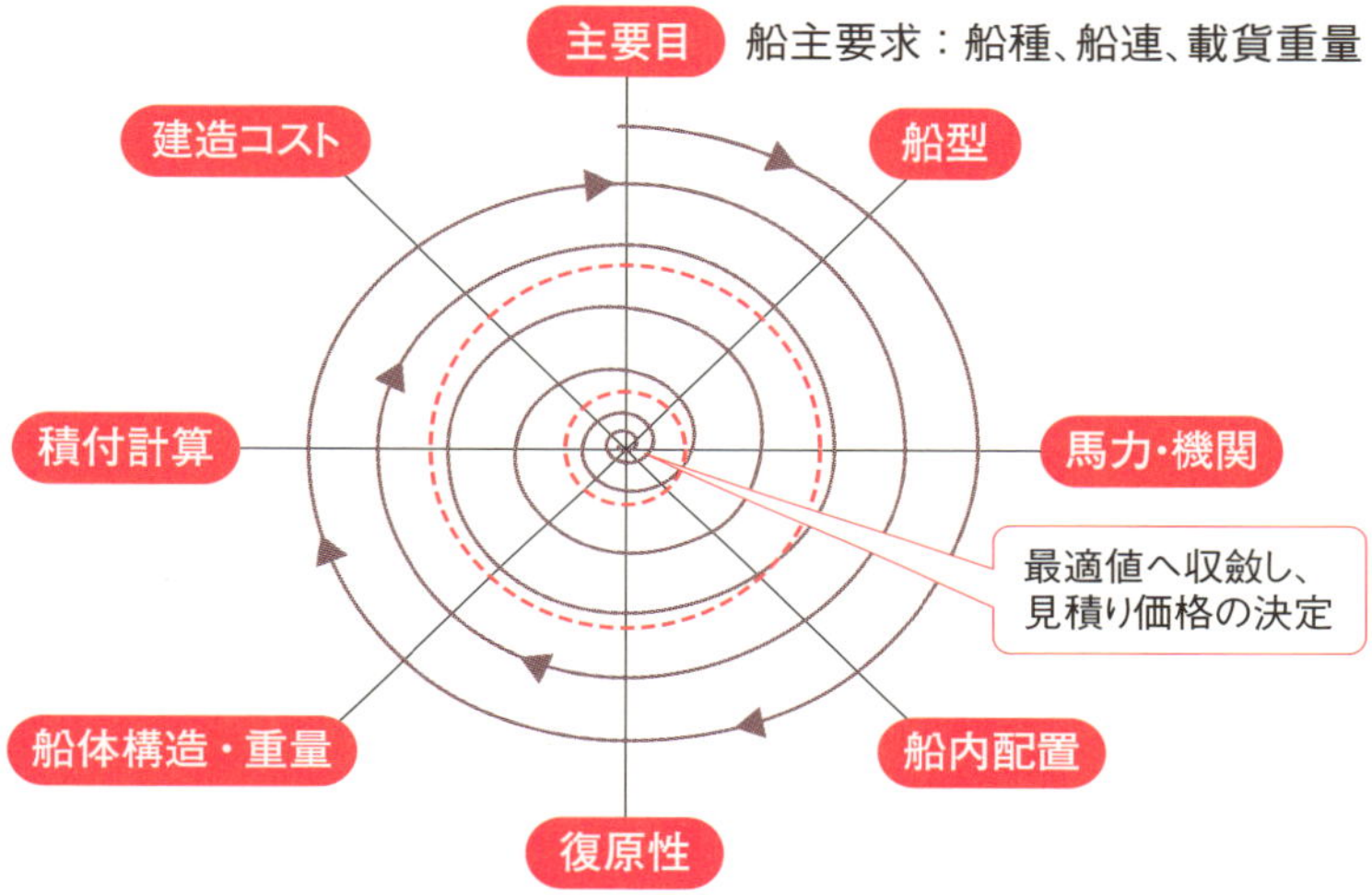

初期計画におけるデザインスパイラル：主要目→船型→馬力・機関→船内配置→復原性→船体構造・重量→積付計算→建造コストと順次決定していき、さらに次のスパイラル（螺旋）で順次最適化を図る。

タンカーの一般配置図の例

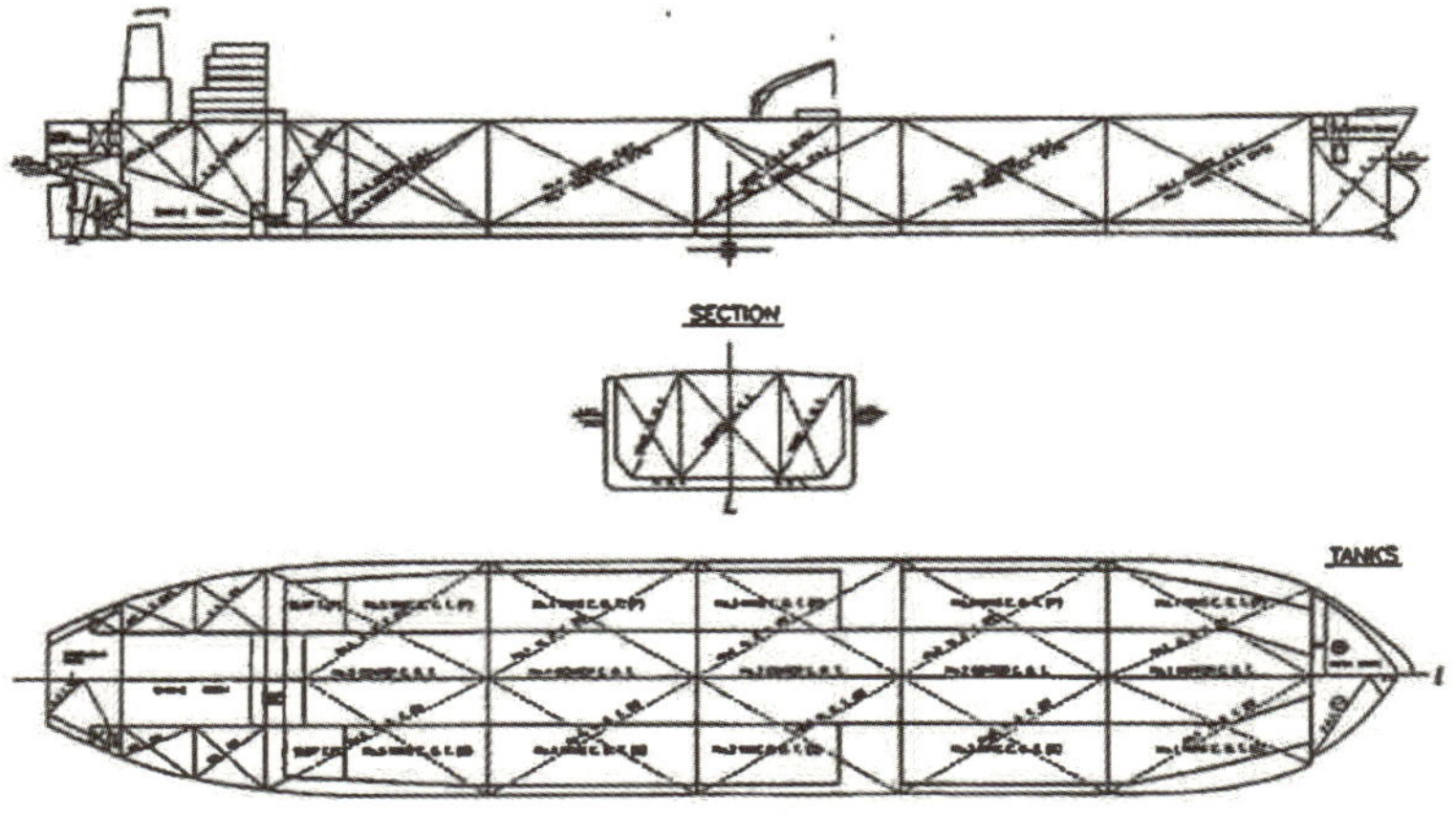

基本設計を終えた船は、一般配置図をはじめとする設計図面、仕様としてとりまとめられ、完成予定期日と船価見積もりと共に船主に提示される。

（出典：日本財団図書館）

56 詳細設計と生産設計

建造する工場の設計部門が担当

建造契約が結ばれると、造船所では船を建造するための設計が始まり、たくさんの設計図が作成されます。これが、詳細設計と生産設計です。一般的には、建造する工場の設計部門が担当します。

図面の作成にあたっては、現在では、ほとんどがコンピュータを使った設計製図が行われており、CADシステムと呼ばれています。これはComputer-Aided Designの略で、日本語ではコンピュータ援用設計とも呼ばれます。船舶建造用の紙に描いた2次元の図面から、コンピュータ上で描く2次元CADが用いられるようになり、さらに、今では、3次元CADと呼ばれる入力したデータから立体的に見ることができるコンピュータシステムも使われています。

2次元の図面から、実際の船体の内部を瞬時に想像するのは、なかなかたいへんです。複雑なエンジンルームの中の複雑な配管などが、工事をしてみると重なり合ってくるといったこともありました。3次元CADでは、あらゆる方向から立体的に見ることができ、こうしたミスをあらかじめ防ぐことができます。

詳細設計では、建造する船にかかわるあらゆる詳細な検討が行われます。たとえば、鋼板からどのように部材を無駄なく切り取るか、どのような手順でブロックを組み立てるか、艤装品をどのように取り付けるかなど、船の建造に必要なすべての情報を図面化します。この図面の段階で、船主や船級協会の承認が必要な場合もあります。一般には、船体製造にあたる船殻、船体艤装、機関艤装、電気艤装の専門ごとに分業し、総合設計部門がそれを取りまとめます。

生産設計では、詳細設計で決まった設計情報に基づいて、製造現場で正確かつ効率良く作業ができるために必要な図面作成や情報管理をします。クレーン能力を考えてブロック分割を決め、それぞれの製造手順と日程管理を行い、船台への搭載スケジュール管理が行われます。

要点BOX

●大半はCADシステムで設計
●船を建造する時に必要なすべての情報を図面化
●船主などの承認が必要な場合もある

船を建造するための設計

コンピュータを使った設計作業

3次元CADによって設計したものを立体的に見て、確認できるようになった。

57 部材をいろいろな手法で切断

ガス、プラズマやレーザなどで鋼材を切断する

船体を造る材料は、主に軟鋼または高張力鋼と呼ばれる鋼材です。必要な鋼材は、船の建造の進捗状況にあわせて、製鉄所から造船所に鋼材運搬船やパージによって運ばれます。造船所の海岸に鋼材を揚げる場所があり「水切り場」と呼ばれています。

鉄は新品であっても、空気に触れていると錆びます。搬入された鋼板材料は、ショットブラストという機械で、小さな鉄球を表面に高速で打ち付けて錆とゴミを落とします。そして防錆塗料が塗られて、加工工場へと運び込まれます。この材料搬入の時点で、規格通りの十分な強度をもったものなのかが船級協会などでチェックされます。

加工工場では、鋼板を設計図面どおりに切断します。厚い鋼板の切断には、のこぎりやチェーンソーでの機械的切断はできないので、熱によって鋼材を局所的に溶かす切断法が用いられます。広く用いられているのがガス切断で、ガスを燃やした高温の火炎で鋼材を約900℃の発火温度に加熱し、そこに高純度の酸素を吹き付けてさらに燃焼させて溶かして、非常に狭い幅で切断をします。溶けて落ち、こぼれる鋼をスラグといいます。

このガス切断の他に、プラズマ切断、レーザ切断なども用いられています。プラズマ切断では2～3万℃のプラズマを、高電流を流して放電によって発生させ、その熱で鋼板を切ります。切断速度が他の切断方法に比べて速いので、広く使われています。一方、レーザ光線で切断するレーザ切断は主に薄板の切断に用いられています。

1枚の鋼板からたくさんの部材を切り取ることもあります。こうした鋼板の切断には、自動的に設計図通りに切断できるNC切断機が使われます。1枚の鋼板からできるだけ無駄のないように切り抜き方が決められ、そのデータの通りにコンピュータで切断機がコントロールされて、必要な部材をカットします。

要点BOX

- ●船体材料は主に軟鋼、高張力鋼と呼ばれる鋼材
- ●材料搬入時に船級協会などのチェックを受ける
- ●設計図どおりに切断できるNC切断機

鋼板の切断

工場に搬入された鋼板は、コンピュータ制御によって設計図どおりの形に自動的にカットされる。

ガス切断の原理

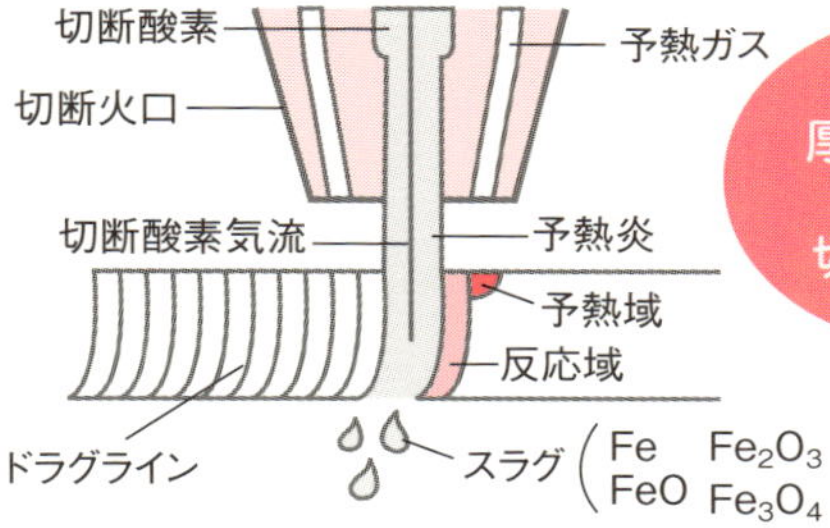

移行式プラズマ切断

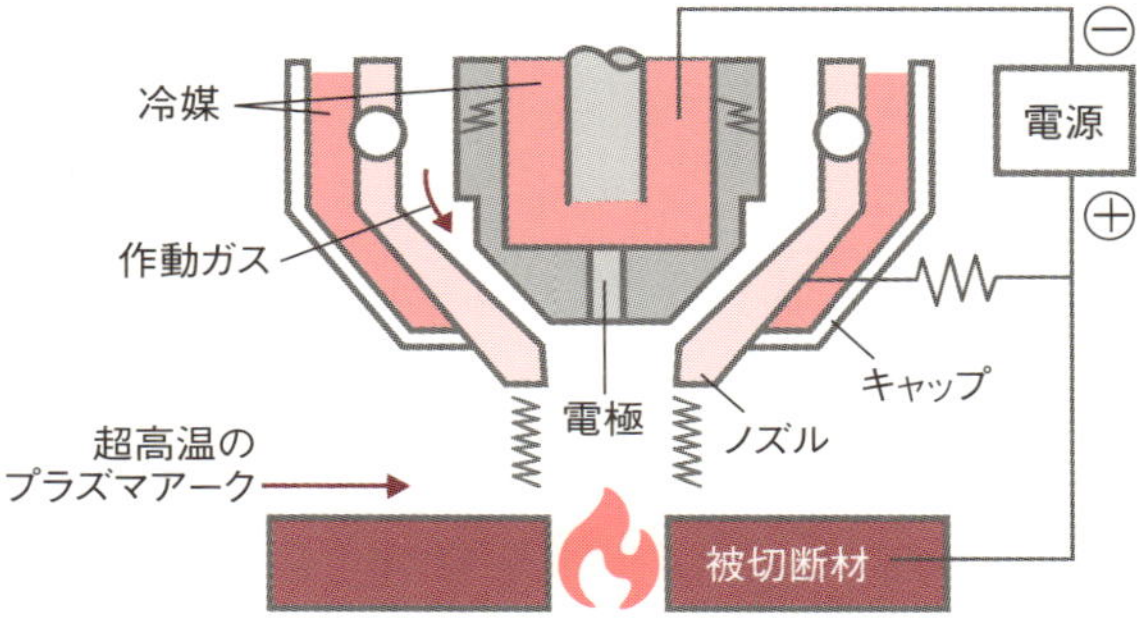

58 材料の加工：厚い鋼板をどう曲げる？

活きる熟練の匠の技

船の表面は複雑な曲面でできています。このため鋼材を曲げることも必要となります。しかし、船の場合には数cmもの厚さの鋼板を使うので、自動車のようなプレス加工や、新幹線の先頭車両の頭部分のように叩いて曲げるというわけにはいきません。

鋼材はある程度曲げても元に戻る性質をもっており、これを「弾性変形」といいます。さらに力を加えて曲げると、曲がったまま元には戻らくなり、これを「塑《そ》性《せい》変形」といいます。すなわち曲がった部材を造るには塑性変形を起こすだけの力を加えなくてはならないことになります。

船舶で使う厚い鋼板を塑性変形させることは容易なことではありません。このための機械が、巨大なベンディングローラや油圧プレスです。鋼材の2次元的な曲げ加工にはベンディングローラが用いられます。

また油圧プレスでは、さまざまな形状の曲げ加工が行われます。こうした機械曲げでは、力を抜いた瞬間に鋼材が少しだけ元にもどる特性があるため、これをどれだけ正確に予測して曲げるかに職人の技が生きてきます。

さらに複雑な曲面の場合には、プロパン、アセチレン、酸素などを燃料としたガスバーナで熱しては、水で冷まして、鋼鉄の収縮作用を利用して徐々に曲げていく熱間加工が行われます。この作業を、ぎょう鉄作業といい、まさに熟練の匠《たくみ》の技が必要とされます。

鋼板の一部をバーナで熱し、その周りを水で冷やすと、熱せられた部分は膨張して盛り上がり、その部分を急に水で冷やすと収縮して周りを引っ張るために周りの甲板が曲がります。この原理を利用して、お灸のように加熱する場所を点在させて曲げる点焼き法も使われています。

こうした熱間加工は、鋼材の曲げ加工だけでなく、意図せずに曲がった鋼材のひずみ取りにも使われています。

要点BOX

- 塑性変形することは容易ではない
- 鋼材の2次元的曲げ加工にはベンディングローラ
- 油圧プレスでは、さまざまな形状の曲げ加工

力による曲げ加工

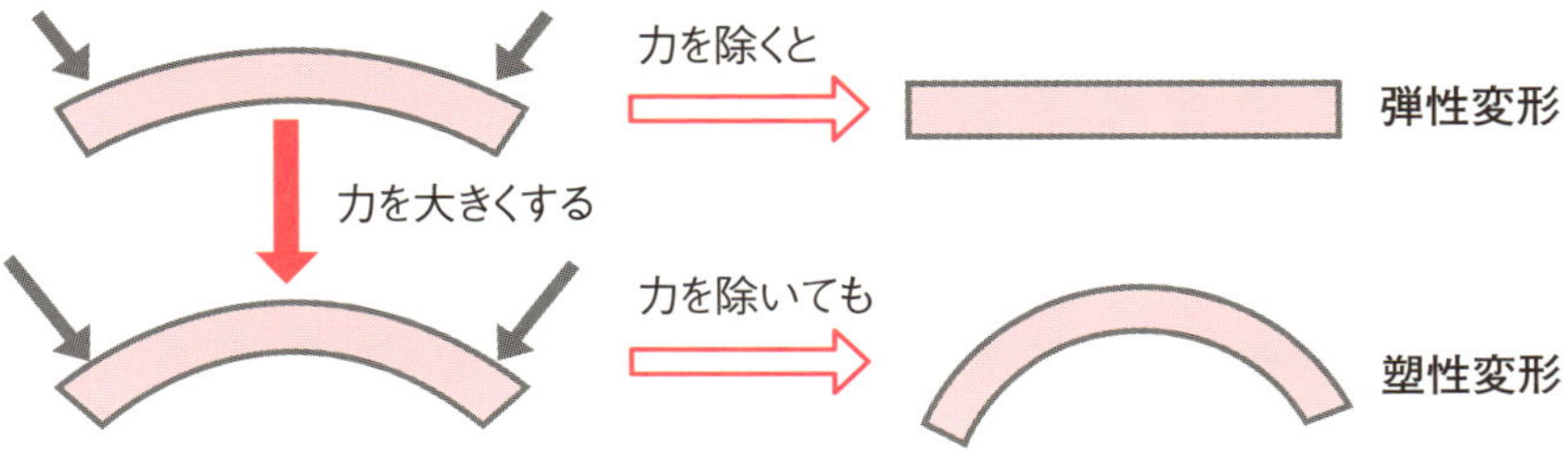

力によって材料を曲げるには大きな力で塑性変形を起こさせる

熱による曲げ加工

鋼板の縮む原理

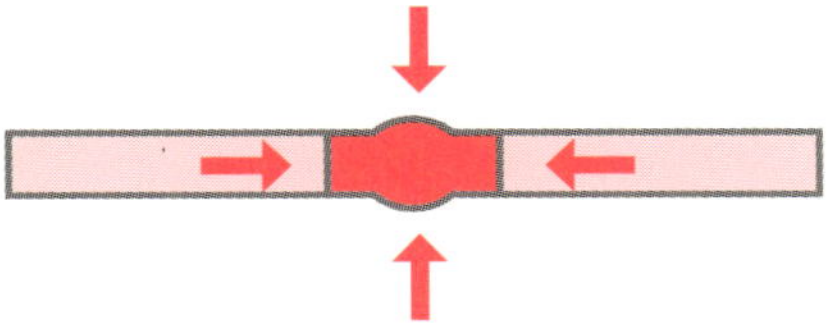

収縮
上下・左右ともほぼ均等に縮む

熱が板の表裏に行き渡ると
→面内が一様に収縮

鋼板の曲がる原理

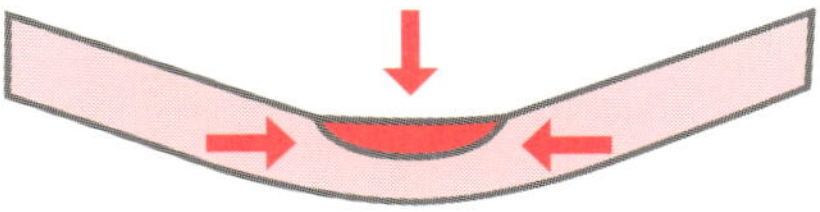

加熱した部分は上下・左右とも
均等に収縮する

板の表のみ熱すると
→表側のみ面内収縮
→曲げが生じる

ガスバーナと水のホースを使ったぎょう鉄作業

設計図どおりに曲げ加工された鋼板

59 部材をつなぐ溶接

アークは約1万℃の高温で鋼鉄も溶かす

鋼材を繋ぎ合わせるのには溶接が使われています。かつては、リベットで2枚の重ねた板を繋いでいました。しかし、溶接では鋼板を溶かしてつなぎます。

溶接ではアーク溶接が一般的です。アークとは、陽極と陰極との間に発生する放電現象で、電極をいったん接触させてスパークさせ、わずかに離すと継続的に生じさせることができます。このアークは約1万℃もの高温なので鋼鉄をも溶かすことができます。

溶接では、溶接棒が使われます。これは、良質の極軟鋼を心材として、溶着金属で被覆された棒です。この被覆材は、燃えるとアークのまわりをガスで覆って安定させるとともに、大気中の窒素の侵入を防ぎます。窒素は固まった時に内部に気泡として残り、溶接部の強度を低下させるためです。また、溶接の効率を上げ、スラグの除去を容易にし、美しい波形の溶接ビードをつくります。この溶接棒は湿気を吸うと性能が落ちるため、使用前に300～350℃の温度で1時間以上乾燥させる必要があります。被覆材を別に供給してアーク周辺を覆って溶接を安定化させる方法が開発されて、溶接の本格的自動化が可能になりました。

また、溶接において大事なのが、残留応力と溶接変形です。残留応力は、急激に熱せられた溶接部が膨張するのに対して、まわりがその膨張を妨げることによって生ずる力です。この残留応力は、低温になって脆性破壊を起こる状況で強度を低下させ、亀裂が生じやすくなります。米国で大量建造されたリバティ船が、突然亀裂が入って沈没する事故が相次ぎ、溶接部での残留応力による脆性破壊であることが確認されました。この問題を解決するために、靭性すなわち粘り強さのある鋼材が開発されました。溶接変形も、溶接時の熱が原因です。溶接でつないだ場所を「継手」と呼び、そこは溶接すると縮んで変形します。薄い鋼板の溶接で、溶接変形が問題となります。

要点BOX

- ●溶接ではアーク溶接が主流
- ●溶接の安定化に必要な被覆材
- ●注意が必要な残留応力と溶接変形

アーク手溶接のイメージ図

高温のアークによって母材の溶接金属部分と溶接棒の心線を溶かしてつなぐ。

被覆アーク溶接による半自動化の原理

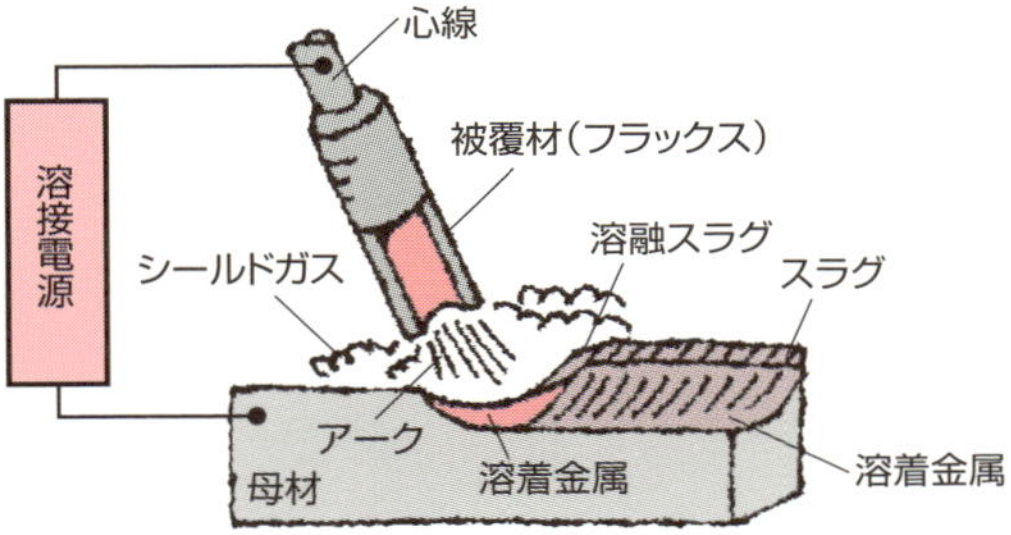

被覆材でアーク周辺を覆って溶接を安定化させる。

ドック内でのブロックの溶接作業

60 活躍する溶接ロボット

各組立工程で導入されている

船は、各種の部材を溶接でつなぎ合わせて建造されます。かつてはたくさんの溶接工が、それらの溶接を手動で行っていましたが、今では、溶接ロボットが各組立工程で活躍するようになりました。造船所に行ってみると、意外に作業する人の数が少ないのに驚かされます。

平らな鋼板と鋼板とを繋ぐ板継ぎ工程や、鋼板にロンジやトランスと呼ばれる縦横の骨を直角に取り付けるパネル製造工程には、大規模な自動溶接設備が導入されています。つなぎ合わす2枚の鋼板の接着面をそれぞれ斜めにカットします。これは溶接を完全に内部まで着実に行うためで、「開先《かいさき》」といいます。かつては両側から開先をとって両面から溶接するのが普通でしたが、最近は、一方の面に裏当てをすることで片面からだけの溶接で済むようになりました。

自動溶接手法としては、溶接棒を使わずに、長い溶接ワイヤを溶接部のトーチの中心に自動的に送り込む方法があります。

これはアークを覆うガスの供給の仕方で、大きく2つに分かれます。

1つはサブマージアーク溶接で、これは溶接棒の被覆材に当たるフラックスを事前に散布しておき、その中でワイヤ状の溶接金属を自動供給しながら溶かしていくもので、アークを発生する複数の電極を進行方向に前後して複数配置して、一気に溶接をすることもできます。欠点は、下向きの溶接しか使えないことです。

2つ目は、アークを安定化させるシールドガスを、溶接ワイヤの周りに噴出させて溶接をするのがMAG溶接です。下向き溶接以外にも使えるため、広く普及しています。

今では鋼板に、たくさんのロンジやトランスなどの骨を同時に自動的に溶接する大規模溶接システムもあり、工作効率が向上しています。

要点BOX

- ●造船所は意外に作業者の数が少ない?
- ●パネル製造工程には、大規模な自動溶接設備が導入されている

サブマージアーク溶接装置

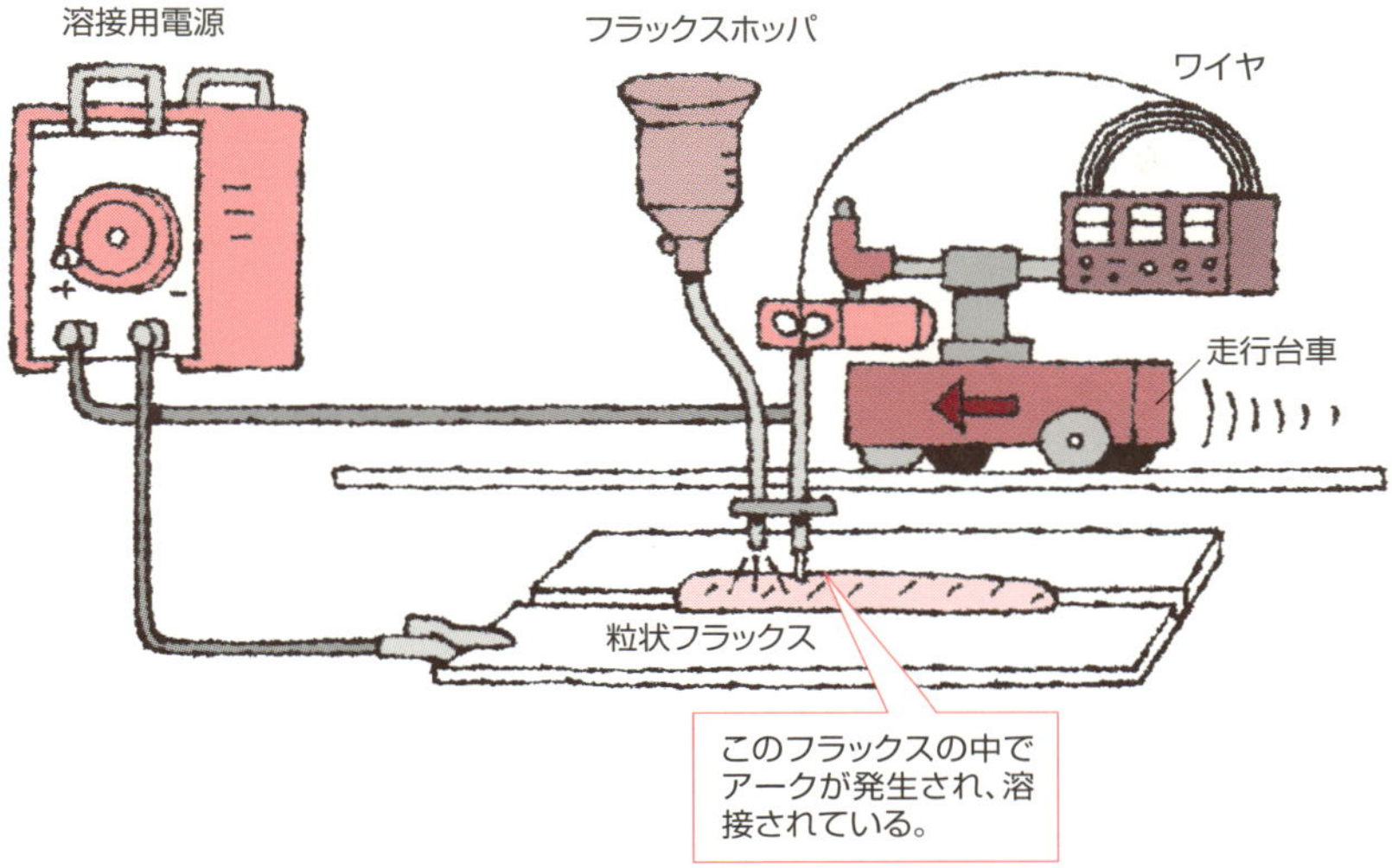

サブマージ溶接では、フラックスを事前に溶接部に供給し、その中でアークで溶接する。

MAG溶接の構成例

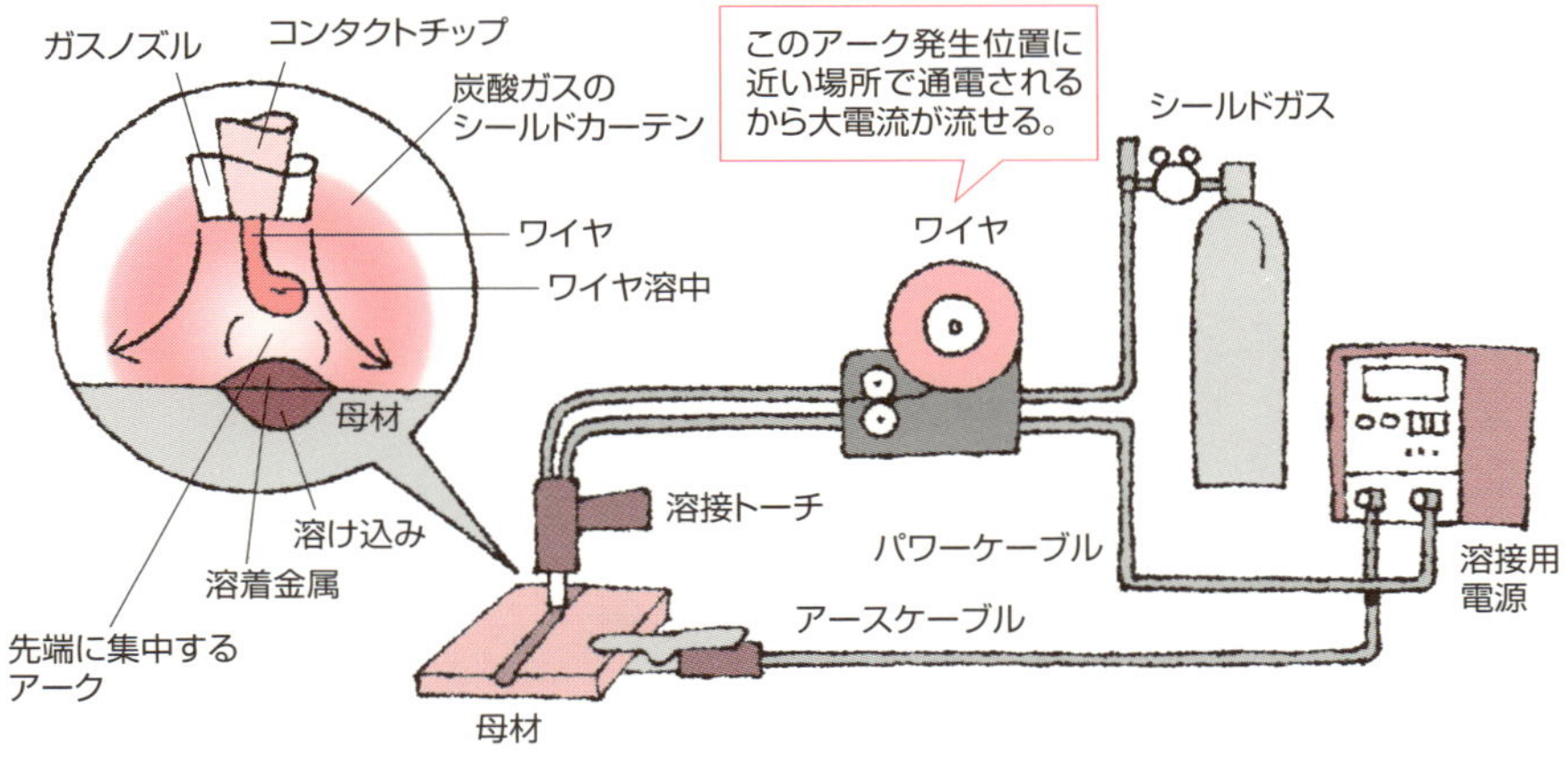

溶接トーチの中心から溶接ワイヤを送り出し、その周りからシールドガスを噴出してアークを覆うMAG溶接の原理。

61 ブロックの製作

小組立から大組立へ

造船所に納入された鋼材はカットされたり曲げられたりして、船体構成部材となります。部材数は、6万載貨重量トン(旧パナマックス型)のばら積み船で約4万点となります。これらの部材が溶接されて、立体的な構造物へと組み上げられます。

平らな鋼板に一定の間隔で骨材を溶接するような場合には、溶接ロボットが活躍します。このような初期の組み立てを「小組立」といいます。溶接作業は下向きで行うと楽なので、ブロックをクレーンで回転させながら、溶接などの作業がやりやすいようにして製作を進めます。小組立で造られるブロックの重さは5~15トン程度となっています。

次に「中組立」では、3~5個の小組立ブロックをつなぎあわせます。ブロックが次第に大きくなる過程で、ブロック内の配管などの艤装工事も行っていきます。これを先行艤装と呼んでいます。この先行艤装をどの程度行うかで、船の完成までの期間短縮や建造コストの削減が可能となります。一般に中組立までが工場内で行われるので内業と呼ばれています。

中組立されたブロックは、工場からでて、さらに大きなブロックへと組み立てられます。この作業を「総組立」ともいい、一般に外で行うので外業と呼ばれています。この大組立で製作されるブロックは、できるだけ大きくして船台に搭載するのが効率的ですが、クレーンの能力とともに、吊り下げた時の変形量を正確に推定してその大きさを決定することが大事です。

最終的に船台に搭載されるブロックは、造船所の設備によりますが、中小の造船所では150トン程度まで、大きい造船所では500トン程度までが一般的ですが、最近はゴライアスクレーンを2機使って1000トンを超える巨大ブロックにして船台に搭載する事例もみられます。さらに海外では3000トンというものも登場しています。搭載ブロックの数を少なくできれば、船台建造期間を短縮できます。

要点BOX

- 初期の組み立てを小組立という
- 中組立では数個の小組立ブロックをつなぎ合す
- さらに大きなブロックは屋外でつくる

ブロックの製造過程

鋼板に骨部材を溶接してブロックを造る小組立作業。

小組立ブロックをつなぎ合わせてさらに大きなブロックにする中組作業。パイプなどの艤装品も取り付けられる。

外に出された中組立ブロックは、大組立でさらに大きなブロックに。

ブロックは
小さいうちは屋内で、
大きくなると
外で組み立てる

台車
CTORIA

ブロック専門台車は、最大600トンのブロックが運べるものまであります。スピードは時速4km程度までで、ゆっくりと造船所の中を移動します。

62 なぜブロック建造法なのか

わが国を世界一の造船国にした手法

日本の造船業は、戦後まもなく1950年代には世界一の建造量を誇るようになりました。その原動力となった1つが「ブロック建造法」にあるといってもよいでしょう。

それまでは、船台の上やドックの中で、まず背骨にあたるキールを敷き、その上に順次船体を造っていきました。1隻の船を造るのに1年以上を要することもありました。

ブロック建造法では、船台やドックとは別に、工場などで、船の各部分を分割して建造して、最終的に組みあがった大きなブロックをクレーンで、船台上またはドック内に搭載して、溶接でつないで大きな船体にします。こうすることで、船台もしくはドック内での工事期間を短くして、たくさんの船を効率良く建造することができるようになりました。ブロックはできるだけ大きくしてから船台などに搭載すると効率が良くなりますが、そのためには大きなブロックを移動させるための吊り下げ能力の大きいクレーンが必要となります。最新鋭のドックでは、ドックと巨大ブロックの置き場をまたぐ巨大な門型のゴライアスクレーンが設置され、最大1000トン余りの巨大ブロックを搭載することができるようになっています。

しかし、ブロック建造法では、隣り合うブロック同士がぴったりと合わなくてはつなぎ合わせることができません。かつては、隣り合わせたブロックがぴったりとは合わずに、その場で骨を外して鋼板を曲げなおしたりする作業が必要のこともたびたびでした。しかし、現在の日本の造船所では、精度良くブロックが製造できるようになり、こうした手直し工事も少なくなりました。

ブロックは、クレーンで船台またはドック内に並べられた盤木の上に運ばれて設置されます。これを「ブロックの搭載」といいます。船首尾などで船底の平面が少ないブロックでは支柱によって船体が支えられます。

要点BOX

- 船の各部分を工場内でつくる
- 組みあがった大きなブロックを溶接でつなぐ
- 船台やドック内での工事期間を短縮できる

ブロック建造法

小さなブロックから

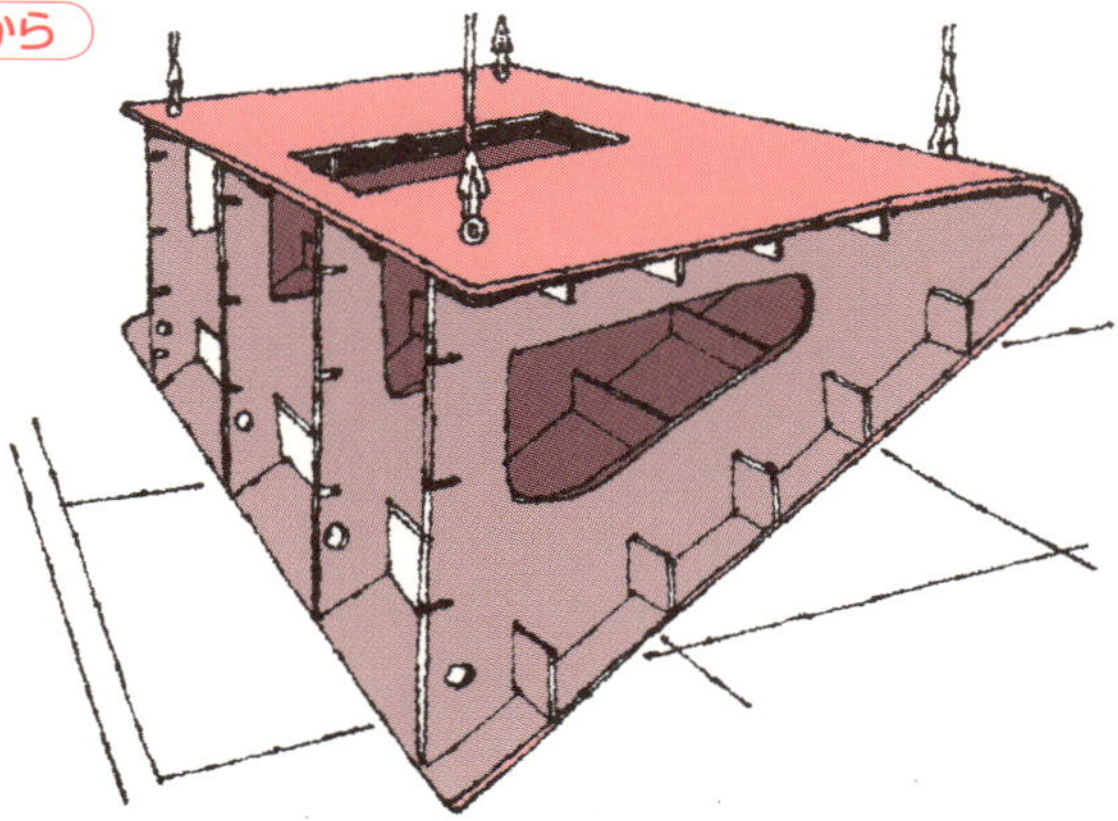

大きなブロックへ

ブロックを、つなぎ合わせて、次第に大きなブロックにする。

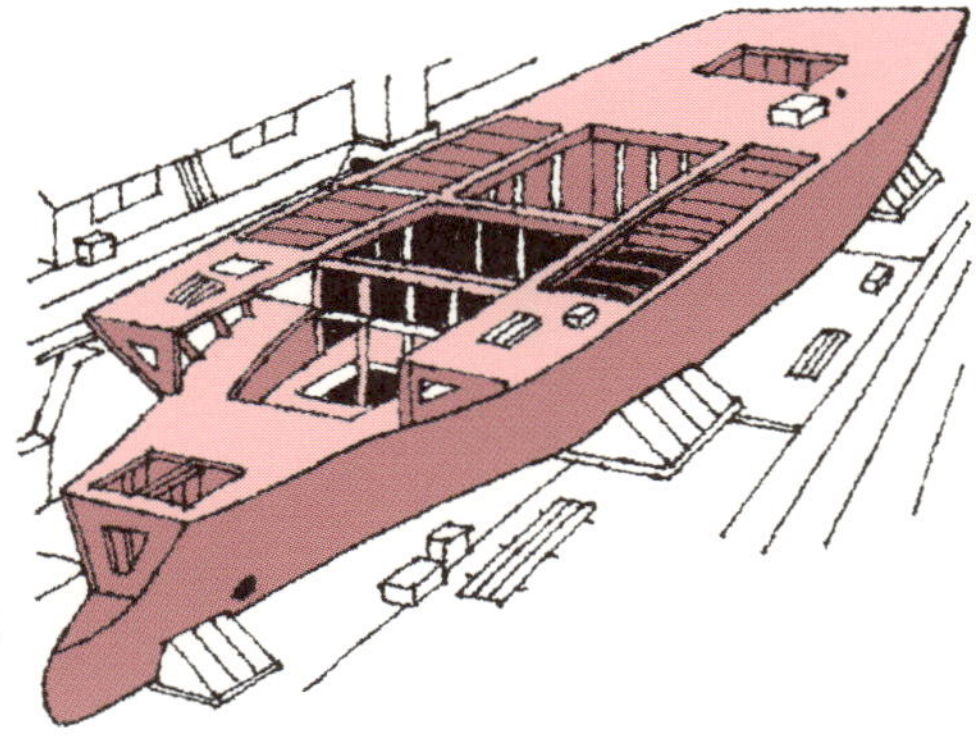

船台やドックに搭載されたブロックを溶接でつなぎ合わせて船体ができあがる。

63 機関据付とプロペラ装着

船の建造の中でもっとも手間のかかる部分

船を推進させる主機、電気をつくる補機など、船を運航するためにさまざまな機関・機器が搭載されます。これらを据え付け、正常に稼働させる工事を「機関艤装工事」といいます。船の心臓部で、さまざまな機器が集中的に配置されるので、船の建造の中でもっとも手間のかかる部分です。このため、船体ブロックの建造においても、機関部のブロックから先に製造し、船台に早めに搭載するのが一般的です。

機関室は船底付近に設けられ、エンジンコントロール室で常に監視が行われていますが、最近は、ブリッジでも監視ができるようになっています。

機関艤装の晴れ舞台は、巨大な主機の搭載です。がっちりとしたエンジンベッドの上に据え付けられ、その周りには燃料油供給システム、始動時の空気圧縮システムなどさまざまな装置が、ところ狭しと並びます。機関室はできるだけ狭い方が、貨物や人のための空間を広くとれるのでよいのですが、他の交通機関と違って船の機関は何日も連続運転され、かつ洋上でメンテナンスが行われるため、その作業空間も必要となります。したがって、いかにコンパクトに、しかも、作業性を良くするかが機関艤装の腕の見せ所となります。たとえば、エンジンメンテナンスのためのピストン引き抜きのための空間などが必要です。

進水前の大事な作業が、プロペラ軸の設置です。プロペラ軸は、船内のエンジンと船外のプロペラを、船尾管を通して結びます。この軸心が少しでもずれると大事故にもつながります。この作業は、軸心合わせと呼ばれ、エンジンとプロペラを一直線に結ぶように細心の注意を払って行われます。数ミクロンの誤差も許されず、最後の調整は船尾管のパイプをその場で削って行います。船体自体が巨大で、溶接での小さな歪みや太陽の熱によってさえ歪むので、この軸心合わせは早朝に行われることが多いといいます。

要点BOX

- ●船の心臓部は機関室
- ●どう作業性を良くするが機関艤装の腕の見せ所
- ●プロペラとエンジンを一直線に結ぶ技術

貨物船の機関室

貨物船の心臓部の主機のまわりにはたくさんの機器が配置されている。

軸系装置

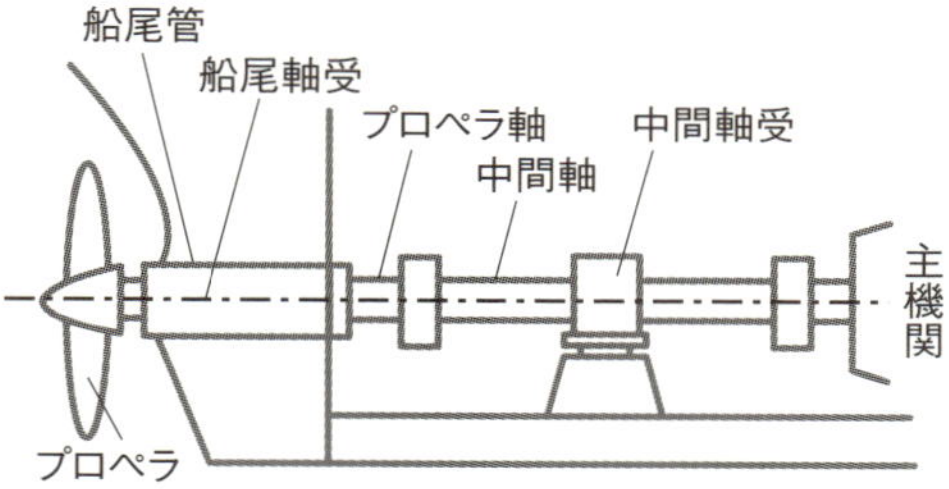

船尾のプロペラとエンジンを結ぶ軸系

プロペラの軸心を合わせる作業

プロペラの軸心を合わせる作業は、重要な作業。エンジン軸と、プロペラを一直線で結ぶことが必要で、船内と機関と船外のプロペラをつなぐ船尾管内部を慎重に削って合わせる。

64 船を陸上から海上に移す準備

技術的に難しい船台進水

船体がほぼ完成するといよいよ進水です。進水とは、船を陸上から海上に移すことです。ドックで建造される場合には、ドックに注水して船体を浮上させます。一方、船台の場合には巨大な船体を滑らせて海上に浮かばせます。さらに最近は、平らな陸上で船体を建造して、完成した船体を水平移動させて、海面に浮かぶ「浮きドック」などに乗せ、その浮きドックに注水して沈ませて、船体を海上に浮かせるという工法も開発されています。

ここでは、技術的に難しい船台進水をみてみましょう。一般的に、船台は海岸線に直角に作られており、船尾方向に滑らせますが、中には海岸線に平行な船台から横向きに下す横滑り進水もあります。

進水台の上で建造されている船は、盤木と呼ばれるたくさんの支えの上に載っています。進水近くになると、まず固定台と呼ばれるレール状の台上に、滑走台と呼ばれる台が船底下に挿入されます。この滑走台は船体と連結され、進水時には船と一緒に海中へと入ります。固定台と滑走台との間には、摩擦低減のための鉄のボールなどを設置する、もしくはヘッド（獣脂）などが塗られます。ボール進水で使われる鉄球は、砲丸投げの球くらいで数千個使われます。

進水前夜から、船体を支えていた盤木が順番に外され、船体は滑走台と固定台に支えられる状態となり、トリガーと呼ばれる爪状の器具で支えられています。この時に、トリガーが支える力は、

船体重量×sin（船台固定台傾斜角）

となります。船台固定台の角度はだいたい3程度なので、進水時の船体重量の5％程度の力になります。すなわち船体重量が1万トンとすると、50トンの力で滑るのを止めていることになります。重い大型船では、この力を複数のトリガーが支えることになりますが、すべてのトリガーが一気に解放されるようなシステムが必要となります。

要点BOX

- 進水台の上で建造されている船は、盤木と呼ばれるたくさんの支えの上に載っている
- 進水前夜から盤木が順番に外されていく

船台進水のしくみ

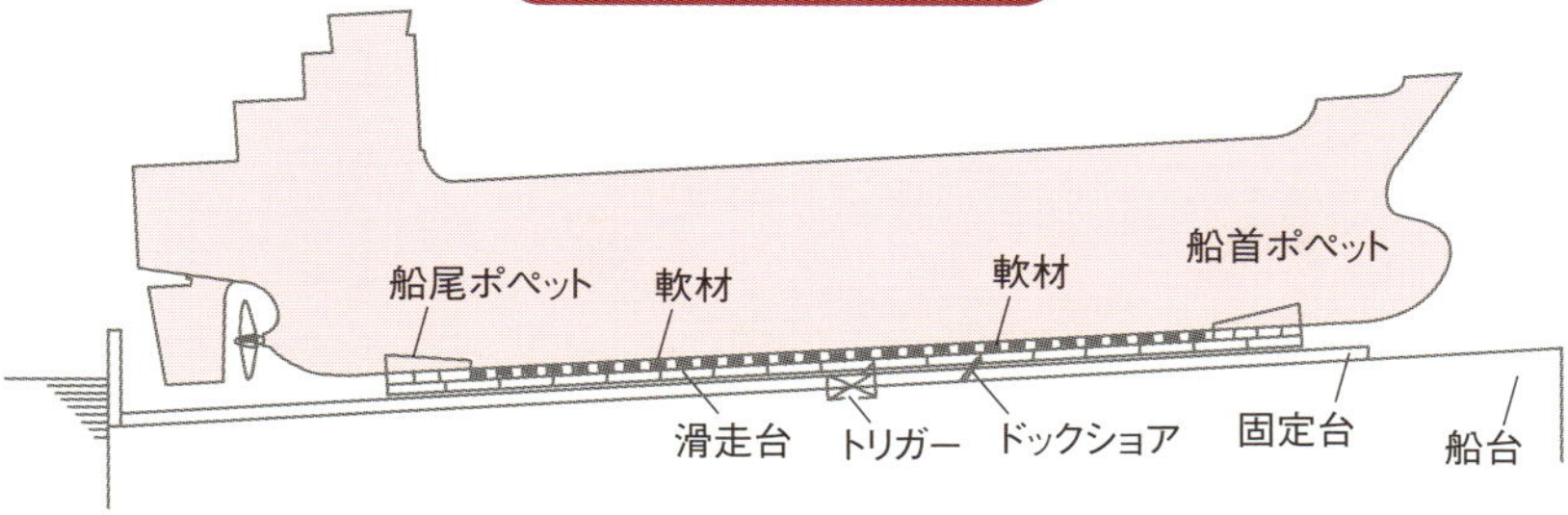

船台の進水台の構造。船台の上には固定台と滑走台があり、この2つの台の間が滑るようになっている。滑走台は船と一緒に海面へと進む。

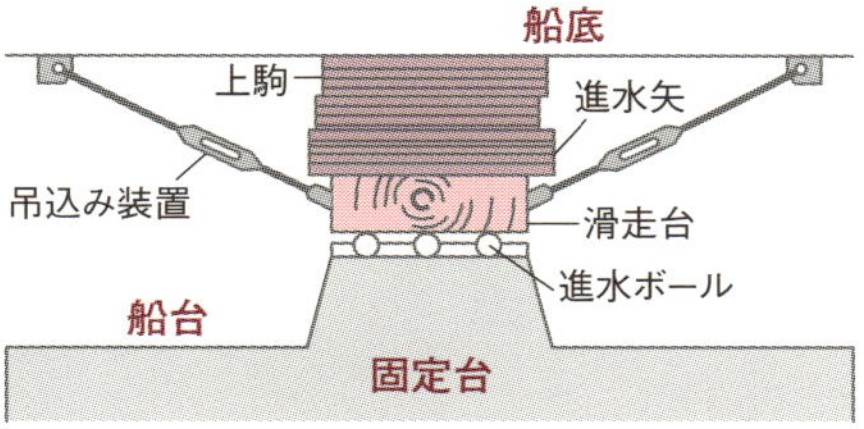

進水台断面図

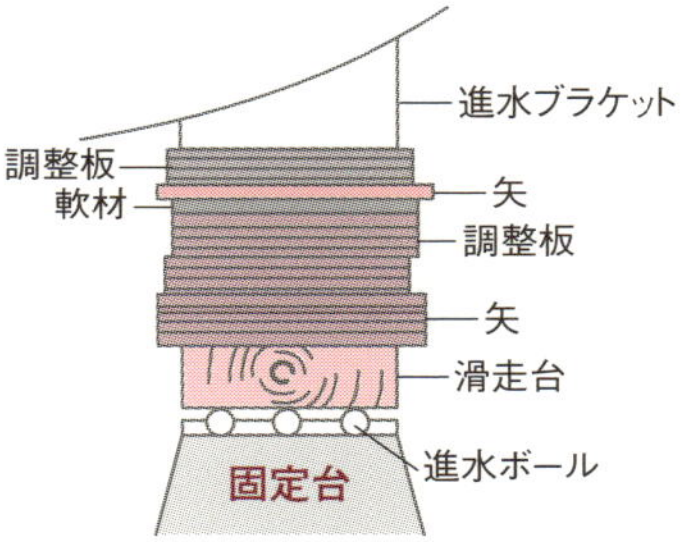

船首ポペット断面図

進水台で船体を支える構造。たくさんの木材などからなる滑走台（上部）と、コンクリートの固定台の間に滑りやすいようにボール、ローラ、油（ヘッド）が使われる。左は平らな船底下、右は曲面の船底での支え。

進水する船体に働く重力の成分。進水台の傾斜角をαとすると、船体重量×sinαが静摩擦力を上回ると、船体は動き出す。

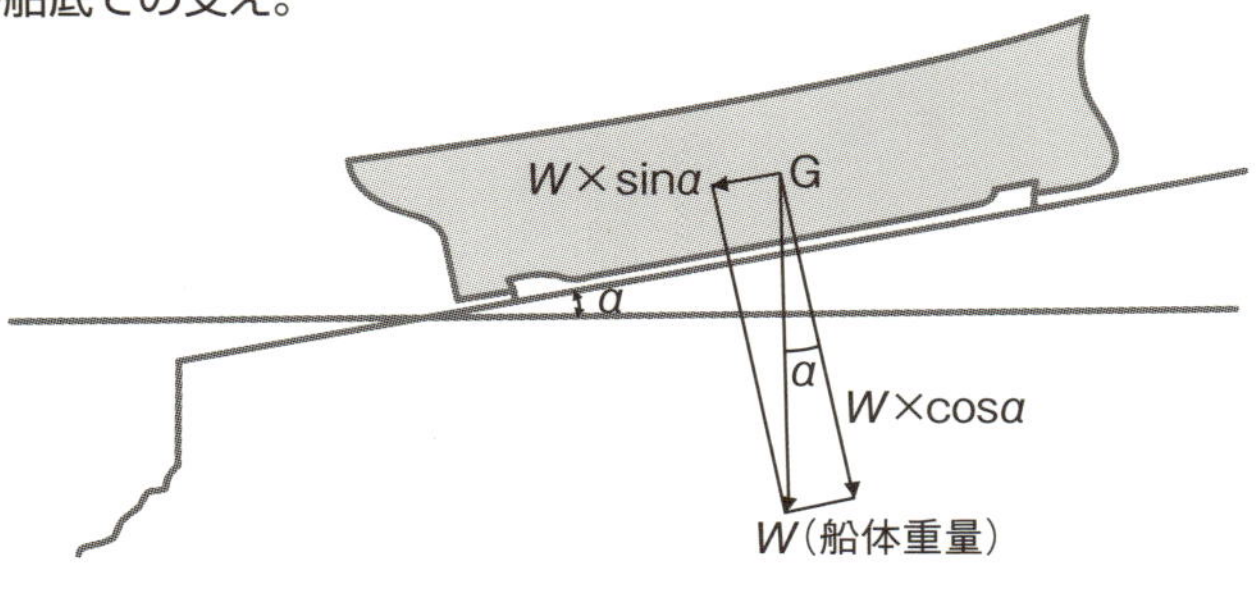

進水時には、船体のすべての重さが進水台の上にのり、トリガーが滑り降りるのを止めている。この図は機械式トリガーの構造。

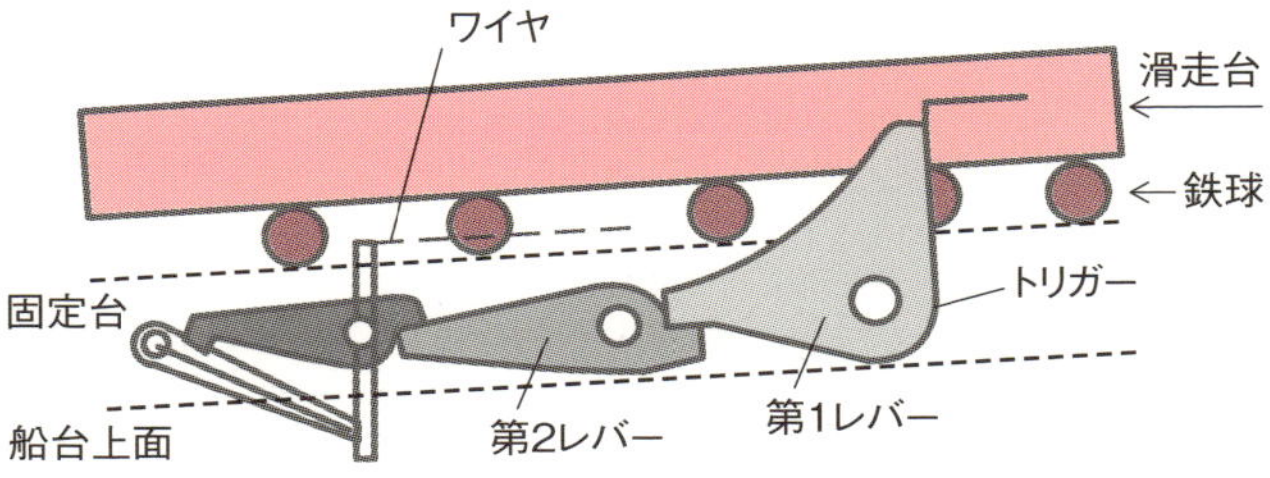

65

いよいよ進水

もっとも緊張する一瞬

いよいよ進水式を迎えます。造船所の進水担当者にとってもっとも緊張する一瞬です。船主などの来賓が船台付近に集まる前に勝手に船が進水してしまったり、トリガーを外しても船がぴくりとも動かなかったりといった事例もかつてはあったからです。

船台建造では、巨大な船体が滑り降りるので、迫力満点です。進水直前に、命名式が行われて、支綱切断されると、船首でシャンパンなどの瓶が割られると、船は静かに滑り始めます。薬玉が割れて、色とりどりのテープや、鳩が飛び立つ場合もあります。まさに船の誕生の一瞬なのです。わずか数十秒のことですが、これを成功させるには綿密な進水計算と、確実な進水作業がなされなければなりません。

船体を止めているトリガーが外れた時に、船体が動き始めるためには、船を滑り下ろす重力が、滑走台と固定台の間に働く静摩擦力より大きくなくてはなりません。動いている時に働く動摩擦力は静摩擦力より小さいので、この動き出しが大事なのです。特にヘッドを使う場合には、温度や圧力によって静摩擦力が変わるので注意が必要となります。

船が滑り出しても安心はできません。船尾が水中に浸かり出すと、船尾部に浮力が働き、そのモーメントが、船体重量のモーメントと等しくなると、船尾から浮き上がり、船首部の滑走台だけが接点となり、そこに大きな力が働きます。さらに船尾が浮いて、船首が下がると固定台に接触する可能性もあります。

水面に浮いた状態になっても、まだ安心はできません。対岸が近ければそのまま座礁ということもあります。どの程度の距離で止まるかを周到に検討し、必要な場合には、進水台におかれたコンクリート塊やアンカーチェーンを引いて速度を弱めます。ドックでの進水は、ドックに海水を入れて、船を浮き上げてから、ドックの扉が開けられて、タグボートで引き出されます。

要点BOX

- ●昔は進水式で動かない船も
- ●進水には静摩擦力が大事
- ●海上に浮いてもまだ安心はできない

船台での進水

船台上で建造中のコンテナ船の船体

進水台の上で、進水を待つ船体

船台から船体が滑り下りる瞬間の進水式風景

66 岸壁で続く艤装工事

船のすべての機能が完全に作動できるように

進水した船体は、造船所内の艤装岸壁に着けられて、内部のすべての工事が行われます。

レーダから舵取器に至るまでの各種の航海機器、機関関係の機器、調理場、冷凍倉庫、船員や乗客の客室や公室設備まで、船のすべての機能が完全に作動できるように艤装工事が進められます。以前は、配線工事、パイプ工事、木工工事、内装工事のように機能別の作業が進められていましたが、現在は、区画ごとに同一作業グループで工事を行う区画艤装方式が採用されるようになり、艤装工事の生産性が高くなりました。

すべての艤装工事が終わると、完成検査が行われます。船体はたくさんの鋼材部品がつなぎ合わされて構成されているので、その溶接接合部の検査では、外部からの目視だけでなく、放射線や超音波を使って内部の状態を確認する非破壊検査も行われます。

配管では、圧力を加えて液体の漏れがないか、ポンプは正常に機能するかといった、船内のあらゆる部品が正常に作動するかの検査が行われます。船主検査は、船主の立会いの下に行われ、契約時の仕様にあっているか、また完成度が十分かを確認します。

続いて、日本籍船であればＪＧが、他の国籍であれば代行権限が与えられた船級協会が、規則に適合しているかを検査員立会いの下に確認をします。

また完成した船体の長さや幅、深さなどの船体主要寸法計測検査、船の喫水を決めるための乾舷標が正しい位置に付けられているかも検査されます。

最後に、船の重量と、安定性の検査が行われます。ドックなどの静かな水面において、船の喫水を計測して、その時の排水量を計算し、余分に搭載している水や物品の重さを差し引いて、この船の荷物を積まない時の重さが求められ、これが軽荷重量となります。この重さに、荷物などの重さである載貨重量を足すと、乾舷標の満載喫水線まで船は沈むこととなります。

要点BOX

- 同一作業グループで工事する区画艤装方式
- 艤装工事が終わると完成検査が行われる
- 最後に船の喫水を計測し、排水量を計算する

進水後に最後の仕上げ工事

造船所の艤装岸壁に並んで艤装工事中の貨物船

船体には、喫水の数字と、乾舷標が表示され、この船の最大の喫水位置が示される。Sは夏期、Wは冬季、Tは淡水域、Fは熱帯域、TFは熱帯淡水域での満載時の喫水位置を示す。NKは日本の船級協会である、日本海事協会の意。

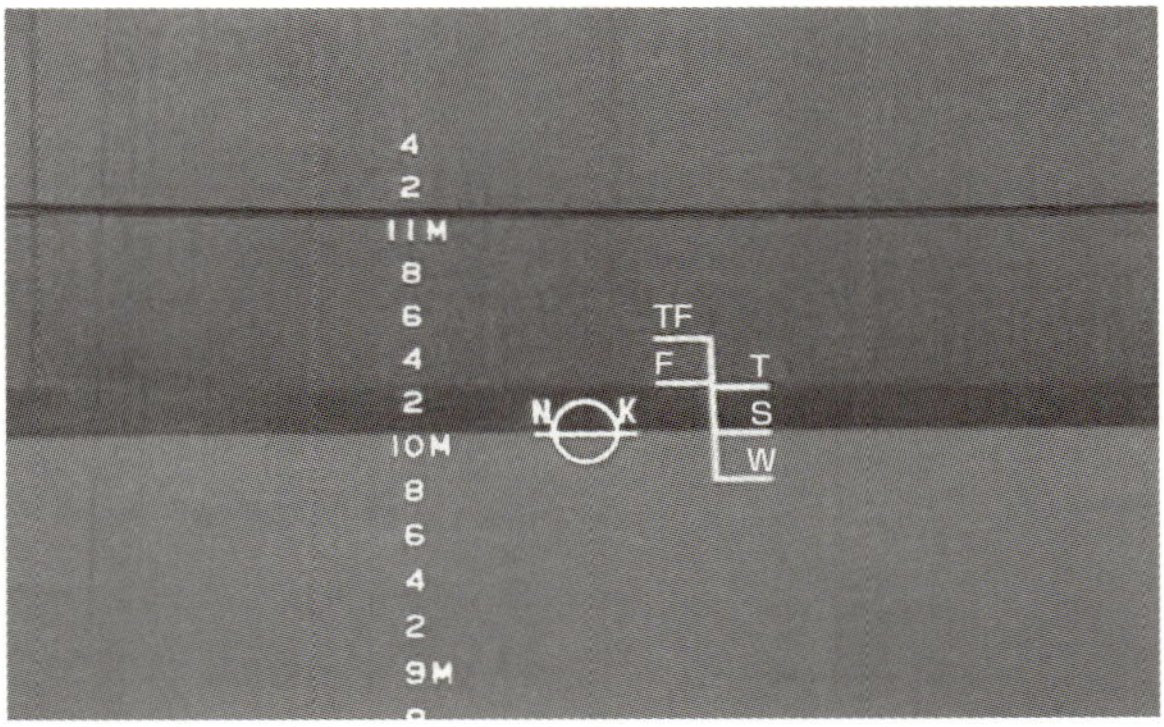

67 最後のチェックは海上で

船主に引き渡され、造船所から旅立ち

社内、船主、船級の各種検査に合格すると、最後に洋上での各種の性能試験が行われます。船はまだ船主に引き渡されていないので、造船所自身が船を動かします。この時の船長役がドックマスターです。

大型船の海上試運転は2～5日間かけて、泊まり込みで行われます。貨物を満載の状態にはできないので、コンテナ船などの乾貨物船では、バラスト水タンクに一杯に海水を積んで試験します。一方タンカーでは、タンクに海水を入れて満載状態で試験します。

もっとも大事なのが速力試験です。契約スピードがでなければ、ペナルティとして損害金の支払い、さらには引取拒否という最悪事態にもなります。この速力試験では、エンジンをフル回転させてスピードを計測します。この時の速度は「試運転最高速度」と呼ばれ、船にとっては一生に一度の最高記録となります。この時、海流や潮流、風や波の影響を受けるので、できるだけ静穏な水域で、同じ区間を往復して、その平均をとって流れや風の影響を取り除きます。

試運転では、操縦性の試験も行います。舵を一杯に切って旋回半径を求める旋回力試験、プロペラを逆転させて急停止させる緊急停止試験（クラッシュアスターン）が行われます。これらの計測結果は、図として船のブリッジに掲示され、操船する船員が交代しても、船の操縦性能を知るための資料となっています。

舵を左右に切って、船をジグザグに蛇行させて、操縦性の良し悪しを検定するZ試験などが行われます。この試験結果から、船の操縦応答性能がわかります。この他にも、錨の投揚錨試験、振動・騒音計測、機関や航海機器の性能試験などが行われます。この試験の項目としては、IMOの国際規則や船級協会規則によるもの、そして船主との契約上のものがあり、それぞれの立会いの下に確認がされます。

すべての試験に合格すると、船はいよいよ船主に引き渡され、造船所から旅立ちます。

要点BOX

- 海上試運転は2～5日間、泊まり込みで行う
- もっとも大事な試験が速力試験
- IMOの国際規則や船級協会規則の確認試験

最後のチェックそして旅立ち

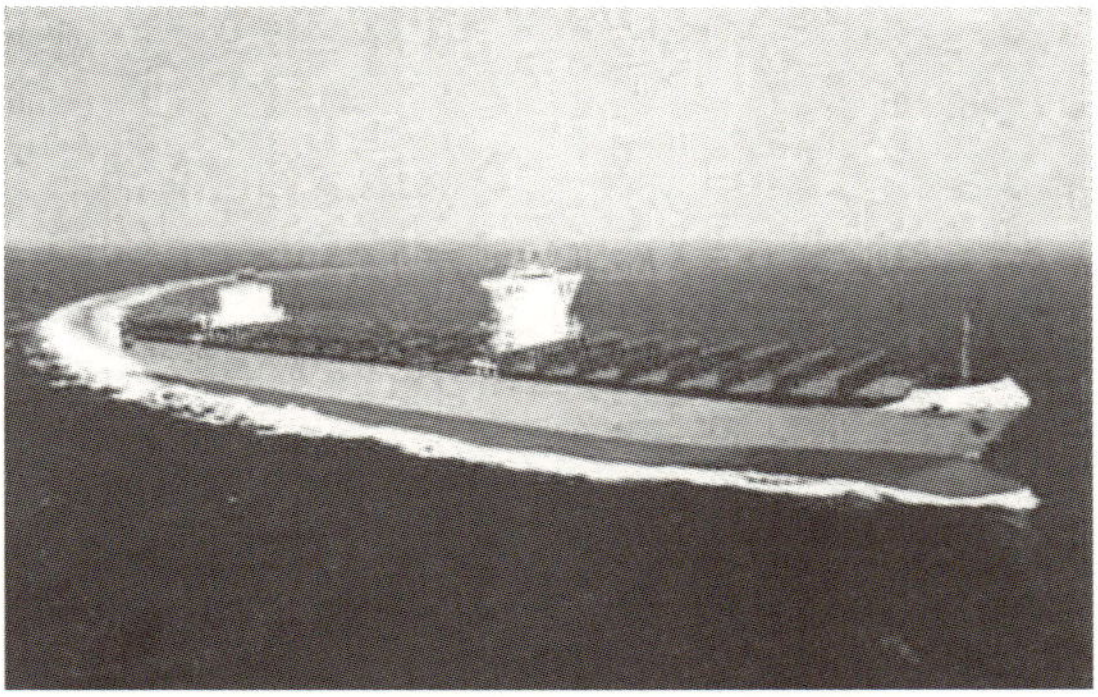

14000個積大型コンテナ船の海上試運転（旋回試験）（資料提供：今治造船）

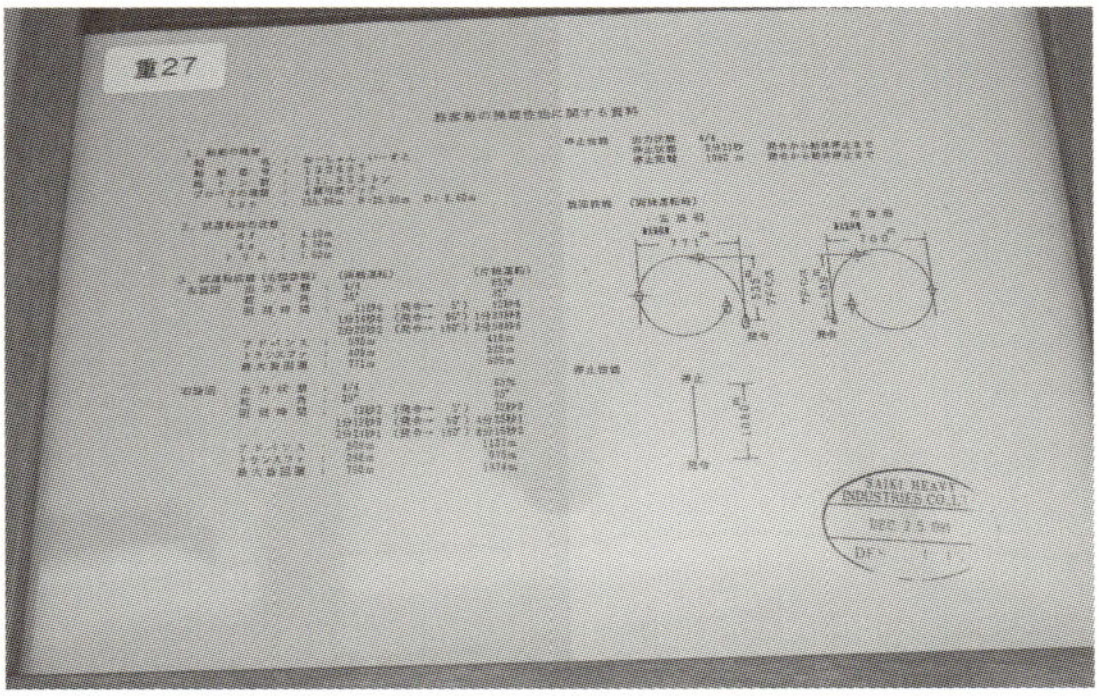

ブリッジに提示されている操縦性試験結果

引き渡されて造船所から旅立ちを見送る造船所の人々

Column

シップウォッチングの楽しみ

バードウォッチングは、野鳥を観察して楽しむ趣味で、日本沿岸の長距離フェリーに乗ると、デッキで双眼鏡をのぞいて鳥の姿を追いかけている愛好者の姿をたまに見かけます。同時に、ちょっと違った方向を見ている人たちもいて、これがシップウォッチングを楽しむ船の愛好家だったりします。

実は、著者もシップウォッチングが大好きで、船に乗っても、港にいても双眼鏡とカメラを手放さず、船が来れば双眼鏡でその姿を確認しては船名を当て、近づいてくるとカメラに収めています。

最近、シップウォッチングに必携の道具にスマホが加わりました。スマホのアプリに、世界中の船から発信されるAIS情報がキャッチできる機能があり、シップウォッチをしながら、その船の船名、位置、総トン数、速力、行先などの確認ができるのです。AISとは自動識別システムで、世界中の大型船が、自船の情報を自動的に発信しており、スマホのアプリを使って誰でもその情報を得ることができます。

こうしたAISのデータは、趣味のシップウォッチングだけでなく、船舶の研究にも使っています。たとえば、最近の大型クルーズ客船が、岸壁への離着岸時にどの程度の半径が回頭しているかを調べるのに役にたちました。その結果、だいたい船長の120%程度のスペースで、その場回転をしていることが確認できました。大きなサイドスラスターとポッド推進器を有しているとはいえ、なかなか立派な性能です。こうした科学的データが、大型クルーズ客船の港への安全な出入港にも役に立つのです。

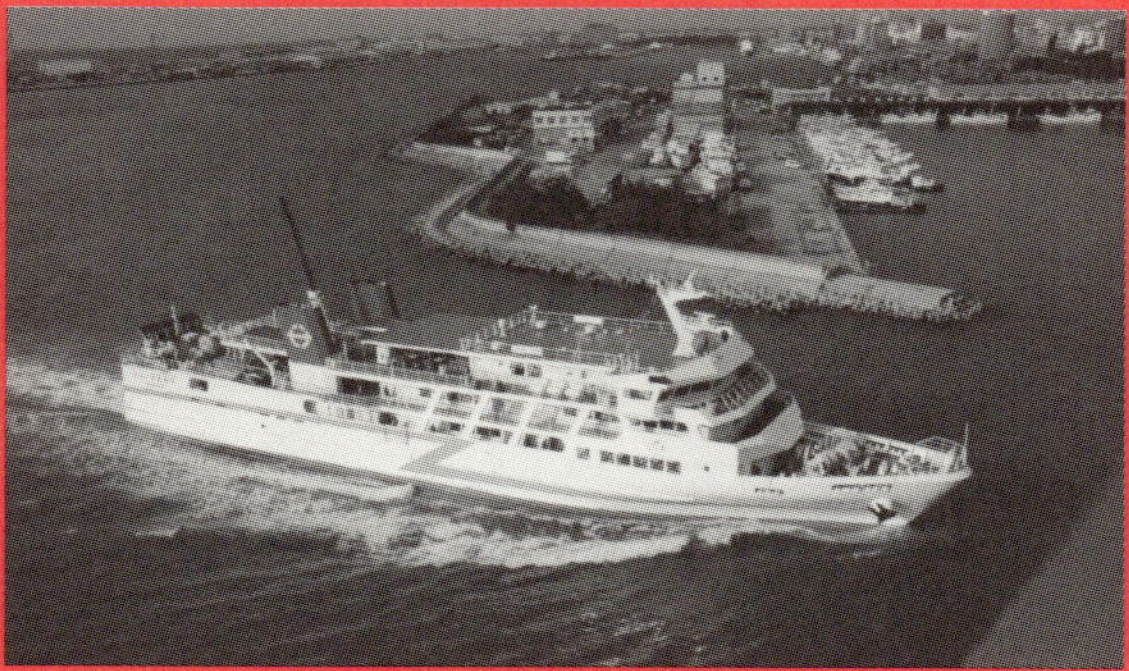
那覇港の泊大橋の上から「フェリーざまみ3」をシップウォッチング!!

【参考文献】

「船・引合から解船まで」関西造船協会編集委員会編、海文堂書店（2004）
「船ができるまで」池田良穂著、偕成社（1989）
「図解・船の科学」池田良穂著、講談社（2008）
「図解雑学 船のしくみ」池田良穂著、ナツメ社（2006）
「造船の技術」池田良穂著、SBクリエイティブ（2013）
「船の最新知識」池田良穂著、SBクリエイティブ（2008）
「船舶海洋工学シリーズ①～⑬」能力開発センター教科書編纂委員会、成山堂書店（2012～2014）
「造船工学」全国造船教育研究会、日本中小造船工業会（2008）
「商船設計の基礎知識（改訂版）」造船テキスト研究会、成山堂書店（2009）
「英和版　新船体構造イラスト集」恵美洋彦著、成山堂書店（2015）
「新訂 船型百科（上巻・下巻）」月岡角治著、成山堂書店（1992）
「新 交通機関論」赤木新介著、コロナ社（2004）
「造船設計便覧（第4版）」関西造船協会、海文堂書店（1983）
「海運・造船業の技術と経営」高柳暁著、日本経済評論社（1993）

【資料提供】

・日本財団図書館
・ジャパンハムワージ株式会社
・今治造船株式会社
・大阪府立大学
・有限会社 江藤造船所
・旭洋造船株式会社

索引

今日からモノ知りシリーズ
トコトンやさしい
船舶工学の本

NDC 550

2017年1月27日　初版1刷発行

©著者　池田 良穂
発行者　井水 治博
発行所　日刊工業新聞社
東京都中央区日本橋小網町14-1
(郵便番号103-8548)
電話　書籍編集部　03(5644)7490
販売・管理部　03(5644)7410
FAX　03(5644)7400
振替口座　00190-2-186076
URL　http://pub.nikkan.co.jp/
e-mail　info@media.nikkan.co.jp
企画・編集　エム編集事務所
印刷・製本　新日本印刷(株)

●DESIGN STAFF
AD――――――― 志岐滋行
表紙イラスト――――― 黒崎　玄
本文イラスト――――― 小島サエキチ
ブック・デザイン ―― 奥田陽子
(志岐デザイン事務所)

●
落丁・乱丁本はお取り替えいたします。
2017 Printed in Japan
ISBN　978-4-526-07653-4 C3034

●著者略歴
池田良穂(いけだ よしほ)

大阪府立大学名誉教授・特認教授、大阪経済法科大学客員教授

1950年 北海道生まれ
1973年 大阪府立大学工学部船舶工学科卒業
1989年 大阪府立大学工学部助教授(船舶工学科)
1995年 大阪府立大学工学部教授(海洋システム工学科)
博士(工学)

船舶工学、海洋工学、クルーズビジネスなどが専門。専門分野での学術研究だけでなく、船に関する啓蒙書を多数執筆し、雑誌などへの寄稿、テレビ出演も多く、わかりやすい解説で定評がある。

●主な著書
「船の最新知識(サイエンス・アイ新書)」
(ソフトバンククリエイティブ)
「図解雑学 船のしくみ」(ナツメ社)
「図解・船の科学」(講談社)
など多数。